复杂体制雷达辐射源信号
分选技术研究

王世强　高彩云　曾会勇
张　秦　徐　彤　李兴成　著

西北工业大学出版社

西安

【内容提要】 雷达信号分选是电子对抗侦察系统的关键技术环节,是当前雷达对抗信号处理中的一个重要研究方向。本书总结作者近年来的研究成果以及国内外这一领域的研究进展,对复杂体制雷达辐射源信号分选所面临的关键理论问题进行探索性、系统性的研究。全书由 7 章组成,主要内容有雷达信号分选的国内外研究现状与进展、雷达辐射源信号分选模型结构、基于支持向量聚类的分选方法、雷达辐射源信号熵特征提取、雷达辐射源信号双谱二次特征提取、雷达辐射源信号特征选择和雷达辐射源信号分选实验等。

本书是关于雷达信号分选理论与技术的一部专著,可作为高等学校和科研院所信号与信息处理、通信与信息系统等专业的研究生教材或参考书,也可供从事雷达、通信、导航与电子对抗等领域的广大技术人员学习参考。

图书在版编目(CIP)数据

复杂体制雷达辐射源信号分选技术研究/王世强等著 . 一西安:西北工业大学出版社,2019.8
ISBN 978 - 7 - 5612 - 6544 - 4

Ⅰ.①复⋯ Ⅱ.①王⋯ Ⅲ.①雷达信号-辐射源-信号分选-研究 Ⅳ.①TN957.51

中国版本图书馆 CIP 数据核字(2019)第 178736 号

FUZA TIZHI LEIDA FUSHEYUAN XINHAO FENXUAN JISHU YANJIU
复 杂 体 制 雷 达 辐 射 源 信 号 分 选 技 术 研 究

责任编辑:孙 倩		策划编辑:杨 军	
责任校对:张 潼		装帧设计:李 飞	
出版发行	西北工业大学出版社		
通信地址	西安市友谊西路 127 号	邮编:710072	
电 话	(029)88491757,88493844		
网 址	www.nwpup.com		
印 刷 者	陕西金德佳印务有限公司		
开 本	727 mm×960 mm	1/16	
印 张	10.625		
字 数	196 千字		
版 次	2019 年 8 月第 1 版	2019 年 8 月第 1 次印刷	
定 价	58.00 元		

如有印装问题请与出版社联系调换

前　言

雷达辐射源信号的分选是电子情报侦察系统（ELINT）和电子支援系统（ESM）中重要的组成部分，直接影响电子侦察设备性能发挥并关系到后续作战决策。随着雷达体制日益复杂化、现代电子对抗日益激烈化和低截获概率（LPI）技术的不断发展，雷达信号分选所利用的信号规律性遭到严重破坏，导致了单纯利用脉冲到达时间（TOA）、脉冲宽度（PW）、到达方向（DOA）、载波频率（RF）和脉冲幅度（PA）这五个常规参数的分选方法已难以获得满意的分选效果。雷达辐射源信号分选，特别是针对各种复杂体制雷达的辐射源信号分选已成为 ELINT 和 ESM 系统信号处理的瓶颈，并成为限制电子对抗装备性能进一步提高的关键因素。本书对复杂体制雷达信号分选的相关理论问题进行了深入分析和研究，获得了如下研究成果：

（1）提出一种新的雷达信号分选的模型结构，兼顾脉间参数较容易获取和脉内特征具有信息完备性的特点，弥补现有分选模型存在的缺陷和不足。该模型结构按照多参聚类预分选、脉内特征分析与提取、脉内特征聚类分选、脉间和脉内参数分选结果融合的新思路对复杂体制雷达辐射源信号进行分选。通过对新模型结构实现算法研究和验证实验，证明了该模型结构的有效性和可靠性。

（2）针对雷达辐射源信号的特征分布形式复杂、簇类边界难以确定等问题，提出了一种基于支持向量聚类（SVC）分选模型。首先，利用 SVC 算法将数据空间中的聚类分选问题转换到特征空间进行求解，通过非线性映射增加数据点线性可分的概率；其次，提出一种修正的锥面聚类标识（MCCL）方法，MCCL 根据近似覆盖的原理，将 SVC 最优化问题求解得到的支持向量映射到数据空间中，在数据空间中完成聚类标识，解决传统聚类标识方法计算复杂度高的问题；最后，根据提出的相似熵（SE）指标验证聚类的有效性，将 SE 指标极值所对应的聚类划分视为最佳分选效果。仿真实验表明，该方法可以形成任意形状的聚类边界，在有效降低计算复杂度的同时获得较好的分选效果。

（3）为解决现代电子对抗环境下常规参数交叠严重、不利于进行分选的问题,提出熵特征和双谱二次特征提取方法,以便提取和补充新的分选参数。首先,针对雷达信号因受噪声干扰及不同调制方式影响表现出的不确定性,研究了复杂体制雷达信号熵的表现形式,分别提取出反映辐射源信号复杂性、不确定度和能量分布的样本熵、模糊熵以及归一化能量熵特征。然后,在高阶统计分析的基础上,提出一种雷达信号的双谱二次特征提取方法。提取出的不同阶 Zernike 和伪 Zernike 正交矩二次特征反映了双谱图像的细节和概貌信息,提取出的灰度共生矩阵二次特征则反映了双谱图像的纹理信息,从而反映出不同辐射源信号的调制信息差异。基于支持向量机的分类实验验证了该方法的可行性和有效性。

(4)为进一步选出所提取特征集合中的关键特征,根据模糊粗糙集理论提出了两种特征选择方法,即属性约简方法,包括基于模糊依赖度的两步属性约简方法和模糊粗糙人工蜂群约简方法。从不同角度出发对提取出的特征进行了选择,剔除冗余特征,实现特征空间的有效降维。将提出的方法与已有的多种特征选择方法进行比较分析,证明了本书提出方法的有效性和优越性。

(5)为验证本书提出模型结构对复杂体制雷达信号分选的有效性,对同方向、同频段的 6 部雷达信号进行仿真实验。在实验中,首先提出一种基于核簇概念的支持向量聚类(CCSVC)分选方法,CCSVC 通过核簇保证利用脉间参数分选时获得的聚类结果具有最佳类内聚集性和类间分离性;然后利用脉内特征对漏选脉冲进行再次分选;最后合并两次分选结果完成最终分选。该方法综合利用脉间和脉内特征进行分选,且仅需对部分脉内数据进行特征提取,减轻了 ESM 系统的处理负担。实验结果表明,与单独利用脉间参数或脉内特征进行分选相比,CCSVC 分选方法在不同脉冲丢失率的情况下都获得了较好的分选效果,同时具有较好的抗噪性能。

全书分为 7 章,第 1 章绪论,介绍复杂体制雷达辐射源信号分选技术的研究背景、意义、现状、趋势以及研究思路和主要工作。第 2 章分析雷达辐射源信号传统分选模型存在的缺陷与不足,并提出和介绍一种适合复杂体制雷达信号的新分选模型结构。第 3 章介绍基于支持向量聚类和相似熵指标的分选方法。第 4 章和第 5 章介绍雷达辐射源信号熵特征提取方法和双谱二次特征提取方法。第 6 章介绍雷达辐射源信号特征选择。第 7 章介绍雷达辐射源信号分选实验,采用典型侦察条件下同方向、同频段的 6 部复杂体制雷达信号进行仿真实验,验证分选模型的有效性,并利用支持向量聚类分选方法获得了最佳的分选效果。

本书的研究工作和出版得到了国家自然科学基金项目(项目编号：61601499,61701527,61601503)、国家自然科学基金面上项目(61971438)和陕西省自然科学基础研究计划(项目编号:2019JQ-583)的部分资助。

本书由空军工程大学王世强讲师、高彩云讲师、曾会勇讲师、张秦教授、徐彤副教授和李兴成副教授撰写。

由于水平有限,书中难免存在不足之处,恳请广大读者批评指正。

著　者

2019 年 1 月

目　　录

第1章 绪 论

1.1 研究背景及意义

电子战(EW,Electronic Warfare)是现代战争中进攻和防御的重要作战手段与重要的作战方式,其作战目的是使用电磁能和定向能以破坏武器装备对电磁频谱、电磁信息的利用或对敌武器装备和人员进行攻击和杀伤,同时保障己方武器装备效能正常发挥和人员安全而采取的军事行动[1]。作为军事力量高效费比的"兵力倍增器",电子战是决定现代战争成败的关键因素,在现代战争中具有极其重要的主导地位和作用。没有电子对抗的制胜,就会丧失制电磁权,也就没有制天权、制空权、制海权和陆上作战的主动权,因此电子战已被誉为继"陆、海、空、天"战之后第五维战场,已成为衡量一个国家国防和军事实力的重要标志和影响战争形态演变的主导因素[2,3]。正是由于电子战的重要性,各国的军事科技人员始终相当重视电子战技术的研究与应用。

考虑到雷达在军事上的广泛应用,以及其效能直接关系着各种武器装备威力的发挥,战区的监视和警戒,诸兵种协同作战的联系、调配、指挥与控制等各方面,长期以来,雷达对抗一直在电子战中占据着主导地位[1,4]。所谓雷达对抗,是指为削弱、破坏敌雷达的使用效能和保护己方雷达使用效能的正常发挥所采取的措施和行动的总称。它主要包括雷达对抗侦察、雷达干扰及反侦察、反干扰等内容。雷达对抗侦察是指搜索、截获敌方雷达辐射源的电磁信号,经过分析识别从中获取战术参数及位置数据等情报的活动[5]。根据任务和用途的不同,雷达对抗侦察主要分为威胁告警(RWR)、电子情报侦察(ELINT)和电子支援侦察(ESM)三部分。雷达对抗侦察所截获到的信号通常包含大量的雷达信号及其他电磁辐射源信号,形成随机交错的信号流,依据截获的雷达特征参数、到达时间及位置数据,可把各部雷达信号从信号流中分选出来,再将分选出来信号通过参数提取,进行雷达型号识别,根据识别结果获得各部雷达的类型、属性、用途及威胁程度等[5]。

由上述分析可见,雷达辐射源信号分选(signal sorting)是雷达对抗侦察信号处理的关键环节,直接影响到雷达侦察设备性能发挥并关系到后续的作战决策[6]。尤其是在需要对威胁等级高的雷达及时、全面、准确地截获识别的电子支援侦察(ESM)系统中,高速、准确的分选是正确识别敌方辐射源威胁并迅速引导控制干扰设备(ECM)或为武器系统指示目标位置的前提,而错误的分选将导致大量的虚警和漏警,从而使对抗效果受到严重影响甚至直接关系到战争胜败。因此,信号分选技术水平已成为衡量 ELINT、ESM 和 RWR系统技术的先进程度的重要标志[7,8]。雷达信号分选的过程如图 1.1 所示[9]。

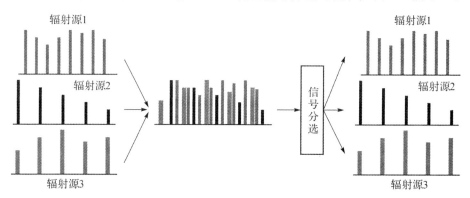

图 1.1　雷达信号分选示意图

当前电子对抗系统利用到达时间(TOA)、脉冲宽度(PW)、到达方向(DOA)、载波频率(RF)和脉冲幅度(PA)这五个基本参数来分选雷达信号,这在雷达对抗电磁环境相对简单,即雷达数量少、雷达信号流密度低、信号形式简单、信号参数变化少的情况下可以取得较好分的选效果[10-14]。

但是,伴随各种电子对抗设备数量的急剧增加,电磁威胁环境信号的密度已经升至百万量级,与此同时,现代雷达还向多功能与多用途的方向不断发展,一部雷达可能具有几种不同的工作状态和体制。另外,为提高自身性能与抗干扰的需要,现代雷达多采用各种复杂波形设计以尽量破坏信号分选与识别所能利用的信号规律性,加之低截获概率(LPI)技术的采用[15],这些措施都对信号分选的实时性、可靠性与准确性提出了进一步的要求。

近年来,随着超高速集成电路(VHIC)和超大规模集成电路(VLSIC)的迅速发展,数字化接收机已开始在雷达、电子战和通信接收机中普遍使用[16,17],尤其是中频数字接收机在现代雷达中的应用越来越广泛[18]。它利用模数变换器(ADC)来取代检波器,直接对中频信号采样,这使得除常规参数之外,信号的脉内信息都被保存下来,从而提供了雷达信号的脉内特征和个体特征描述。因此,在对抗设备数目急剧增加,复杂体制雷达广泛应用等因素共同造成的复杂密集电磁环境下,除了利用常规参数进行信号分选外,对雷达信号的脉内信息进行分析并利用脉内特征参数进行脉冲流分离是一种有望提高分选性能的技术途径。因此,现阶段展开结合脉间参数和脉内特征实现雷达辐射源信号分选模型和算法的研究,具有重要的理论与实际意义,其主要表现在以下几点:

(1)脉内信息的特征提取是提高信号分选性能的有效途径。现代电子对抗环境中,由于各种复杂体制雷达的大量应用,电子对抗设备数目的急剧增加等因素的影响,电磁信号环境日益密集,雷达占有的瞬时带宽正在不断拓宽,这些因素使得表征辐射源特征的参数(时域、空域和频域)都有可能发生重叠或部分重叠。雷达信号分选中存在的“增批”与“漏批”现象将会进一步加剧,从而导致分选性能降低,其分选结果甚至可能失效[19-23]。因此仅利用传统五参数雷达信号分选技术已不能满足越发复杂的战场环境的需要,有必要挖掘不同辐射源信号所隐含的本征新特征,并结合脉间参数高效、准确的分选出敌方辐射源信号[24,25]。

(2)新型分选模型和算法的研究与应用,直接关系到电子对抗设备的性能发挥。如前所述,在现代战争中,复杂体制雷达及制导武器的大量使用,形成了复杂、多变、具有严重威胁的电子对抗环境,如何在密集的电磁环境中实时地分离出各雷达辐射源信息,得到正确的参数,实时地识别、告警,正确引导干扰系统进行干扰变得越来越迫切。作为侦察引导系统设备中重要的组成部分之一,信号分选直接关系到侦察设备的性能指标。错误的分选结果将造成虚警、漏警、人员混乱等问题,同时也将影响干扰方式的确定[4,26]。另外,信号环境的高度密集性使信号分选的计算量增大,如果电子支援系统信号处理的最高负荷不足以应付这种计算量,那么 ESM 信号处理系统将会饱和,信息也将丢失,此时分选必然失效,使得侦察设备的性能降低。因此,探索实时有效的新分选模型和算法势在必行。

(3)新型辐射源信号分选模型和算法研究,是短时期内缩短与发达国家电子对抗领域差矩的迫切需求。电子对抗关系到战争成败,因此一直都是世界各国保密性最强的秘密之一。它具有领域的敏感性与特殊性,因而能够获得的国外最新研究资料数目极少且相对滞后,对美国等发达国家当下所采用的理论方法与技术手段更无从得知[4,27]。此外,我国有关雷达辐射源信号分选的研究起步较晚,目前水平与先进发达国家相比尚存在较大差矩,因此有关这方面的研究更显得迫切而重要。

综上所述,我国雷达信号分选研究工作中亟待解决的关键问题,是需要研究人员对信号分选体系结构及新方法进行更深层次的理论探索与创新。本课题所研究的主要内容就是通过对雷达辐射源信号进行分析,挖掘不同辐射源信号所隐含的本征新特征,设计适应多种特征分布形式的分选模型与算法。

1.2 研究现状及趋势

考虑到辐射源信号分选已成为电子侦察设备信号处理的关键技术,其相关理论与技术实现的研究长期以来备受各国高度重视。相关研究文献表明,国内外研究学者关于辐射源信号分选技术已经开展了大量的研究工作,也已取得了不少成果。在国外,许多重要国际期刊和会议上都已经发表了大量有关信号分选的论文,每篇论文在技术上都取得了一定的创新和改进,为信号分选的发展起到了非常大的推动作用。在国内,也有许多研究机构和高等院校加强复杂体制雷达辐射源信号识别分选的研究,探索能对雷达辐射源信号识别分选的技术改进予以有效支持的理论方法体系。例如西安电子科技大学、华东电子工程研究所、电子科技大学、哈尔滨工程大学和西南交通大学等单位先后对复杂体制雷达及其侦察技术进行了研究,取得了大量成果[28]。

从整体研究方向来看,雷达信号分选技术主要经历了利用脉间单参数 PRI、脉间多参数和脉内特征进行分选的三个阶段,本节从分选信号所采用的参数、算法和技术手段几个不同的方面对雷达信号分选领域的研究现状进行综述和讨论。

1.2.1 基于脉间参数的信号分选

通常,脉间常规参数信号分选所使用的特征是从各个脉冲中提取的信息,包括到达时间(TOA)、载频(RF)、脉幅(PA)、脉宽(PW)和到达方向(DOA)等参数。而信号分选系统一般依靠单参数、依靠不同参数逐级分选或者依靠多参数进行分选。

依靠单个脉冲参数完成分选用的最多的是 TOA,由 TOA 求出脉冲的重复周期 PRI,而后应用不同的算法进行分选。ESM 系统中用的最多的是序列搜索,积累差直方图和时序差直方图分选方法[29,30],同时 PRI 变换的算法和其他改进算法也有所应用[31]。1976 年 Campbell[32] 最先研究了基于脉冲重复间隔(PRI)的信号分选方法——PRI 动态扩展关联法:首先选择一个脉冲作为基准脉冲,随后通过试探性地对脉冲流进行扩展搜索以确定雷达脉冲序列。1989 年 Mardia[10] 将 HA(Histogram Analysis)方法与 SS(Sequences

Search)算法相结合,提出了 CDIF 算法,1992 年 Milojevic[11] 提出时序差直方图(SDIF)算法。之后,国内外许多学者对 CDIF 和 SDIF 算法进行了广泛而深入的研究,并结合实际给出了一些具体改进方案[33]。这些方案通常可分为两类:一是直接针对 CDIF 与 SDIF 算法的门限确定或分选方法的某一方面进行改进[34],例如将小波网络用于差分直方图(SDIF)特征分析,具有结构简单,训练过程收敛速度快的优点[35];二是在利用 CDIF 或 SDIF 算法实现主分选之前,利用其他参数对脉冲流进行稀释与预分选[8]。

统计直方图算法以脉冲序列的自相关函数为基础,因此在真实的 PRI 谐波处产生虚假峰值就不可避免。为解决这一问题,尼尔森[36] 提出了 CVCI (Complex Value Correlation Integral)算法,该算法将 PS(Pulse Sequence)的 TOA 差值进行变换,变换到 PRI 谱上后即可由谱峰位置来估计 PS 所对应的 PRI 值;之后 Nishinuchi 等[37] 对 CVCI 算法进行改进,并将改进后的算法称为 PRI 变换;胡来招等[38] 提出了基于 PRI 的可视化的平面变换技术;2008 年刘鑫等人[39] 根据平面变换技术提出了一种针对周期信号具有很高分选准确度的矩阵匹配分选方法;另外,文献[40 - 43]等也从不同方面对 PRI 变换算法及其改进算法进行了应用研究。

鉴于雷达波形设计越来越趋于复杂化,传统的重频固定、参差、抖动等雷达信号在现代雷达设计中越来越少见,而捷变、随机重频等复杂的重频样式成为当前雷达设计的热点,因此,基于 PRI 的上述分选算法已难以适应复杂体制的雷达信号分选。另外,基于 PRI 的分选算法还存在速度慢、对不完整数据和被污染的脉冲参数分选效果不理想、对大量复杂数据无法处理的问题。

利用不同的参数,如 RF、PA、PW 和 DOA 进行逐级分选亦存在一定缺陷。该分选方法是一种串行规则的检测系统,参与检测的 PS 参数都用来与事先确定的脉冲群比较,要求每一参数都必须严格地认定是否落入一定容差范围内现有的单元中。这种检测方式导致分选速度很慢,而且对含有噪声或者缺失数据的 PS 参数响应不理想,仅适用于常规雷达信号的分选等问题[44]。

随着各种复杂体制雷达的大量应用,传统五参数(TOA、PW、DOA、RF 和 PA)在各参数域均可发生变化,有些参数甚至相互交叠,此时利用常规方法分选极为困难。相对而言,基于多参的信号分选可以取得令人满意的分选效果,这种方法较多采用非监督学习方法[45] 实现多参数信号的分选。文献[12,46,47]等都从不同方面对多参雷达信号方法进行研究和讨论。本章在后面小节中将对基于非监督学习的分选方法,即对聚类分选方法进行专题讨论。

在基于脉间常规参数的分选方法不断改进的同时,其他方法如脉内特征、基于神经网络、聚类分析等分选方法也蓬勃发展。

1.2.2 脉内调制特征分析

针对基于脉间参数进行信号分选应用于复杂电磁环境下存在的问题,20世纪 90 年代前后,Danielsen 提出可以通过搜索和提取新的雷达信号特征来解决日益复杂的电子环境下信号分选问题[48]。一种减少多参数空间交叠概率的方法是选择脉内特征参数,以此对雷达辐射源信号的分选和识别提供新的依据和思路,也是提高当前辐射源信号分选能力的一种可能途径和思路。脉内有意调制是指脉内相位调制(IPM,Intra - pulse Phase Modulation)、频率调制(FM,Frequency Modulation)、幅度调制(AM,Amplitude Modulation)以及三种调制组合的混合调制方式。常见的雷达辐射源信号有非线性调频(NLFM,Non - Linear Frequency Modulation)、线性调频(LFM,Linear Frequency Modulation)、频率编码(FSK,Frequency Shift Keying)、二相编码(BPSK,Binary Phase Shift Keying)、四相编码(QPSK,Quaternary Phase Shift Keying)等[49]。当前,雷达辐射源信号脉内调制分析的一般方法有时域分析方法、频域分析方法、时频分析方法、高阶统计分析方法和非线性动力学分析方法等。

时域自相关法是通过计算信号的时域自相关函数来对雷达信号脉内特征进行分析。鉴于瞬时自相关在工程应用中遇到一些现实问题,如由于实际的数字中频处理中采样频率受器件限制,不可能过高,造成了瞬时自相关算式中的延迟间隔过小,此时用于相关计算的两采样点过于靠近,导致的结果是,噪声的相关性使得算法在低信噪比时的性能明显降低。普运伟等[50-52]通过调整瞬时相位的无模糊区间,使得在采样频率不变的情形下,自相关算式中延迟间隔的取值范围扩展为没有调整区间前的 4 倍,通过这一过程使得算法的抗噪性能一定程度上得到的提升;然后利用无模糊相位区间和滑动平均对瞬时自相关算法进行改进,并提取出瞬时频率的二次特征,结果表明获得特征向量的类间分离性较好。

辐射源信号频域分析是研究信号的能量或功率随时间变化的规律,从而提取出有利于识别分选的脉内特征。文献[53 - 60]等先后运用时域倒谱法、频域相似系数、高阶相似系数、Holder 系数和符号化脉内特征提取等方法,在频域对辐射源信号进行分析并根据不同原理分别提取出了有效的新特征。

在不涉及信号重构的模式特征提取问题中,小波分析受到普遍的关注。1992 年 Delpart[61]根据小波变换的思想,提出了脉内瞬时频率特征提取的小波渐近方法；文献[62]将雷达信号的频谱在不同尺度下进行小波分解，将低频逼近小波系数和高频细节小波系数的能量分布熵作为信号特征；文献[63,64]等将时频重排理论应用到小波谱图上，求得 LFM 信号的瞬时参数特征（频率、相位、幅度）；2010 年文献[65]构造了一种类似 Morlet 小波的新小波基，并对信号的脊频特征进行二次特征提取，得到针对不同调制方式信号的 4 个新特征。作为小波变换的推广，小波包对高频部分也进行分解，是一种比多分辨分析更加精细的分析方法[66]。通常情况下，利用小波包进行特征提取是指对信号进行小波包分解后将各频带的能量作为特征[67,68]。2004 年文献[68]应用相似系数法对提取的特征进行选择，挑选出 2 个最优特征子集对辐射源信号进行神经网络识别，可以达到较好识别效果；2006 年文献[69]利用 Morlet 小波提取雷达信号的包络特征，得到包络顶降、上升沿、下降沿和脉宽 4 个脉内特征；2010 年文献[70,71]也从不同方面对小波包变换在辐射源信号特征提取中的应用进行了分析。

对辐射源信号进行多参数的原子分解，可以提取其脉内特征参数。原子分解通过稀疏表示对信号自适应逼近，对具有不同时频分布的稠密分布信号具有较强适应性。应用原子分解提取辐射源信号特征的工作主要集中在：构造合适的原子库[72]、搜索匹配原子算法的选择[73-75]、匹配原子集的最优化等方面[76]。另外，分数阶傅里叶变换（FRFT）可以在统一的时频域上进行信号处理，因此较为完整地描述了辐射源信号的时频特性。2009 年司锡才[77]据此提出一种基于 FRFT 的 α 域-包络曲线特征向量的提取方法。

基于时频分布的脉内参数特征提取方法主要集中在时频图像的处理上。文献[78]提出了基于自适应数据驱动窗口长度 Wigner 时频分布的特征提取方法以及基于 Choi - Williams 时频分布的特征提取方法；2006 年，Zilberman[79]用 CWD 分布计算辐射源信号的时频分布图，将时频图像进行腐蚀和基于递归膨胀的自适应阈值二进处理以确定调制能量重心，然后对时频图像进行进一步处理提取出辐射源信号的二进制特征向量；文献[80]研究了基于 PWD 分布联合随机变换（RT,Radon Transform）的特征提取方法；2010 年文献[81]提出了一种基于复独立分量分析，Wigner - Ville 时频分布（WVD）的二阶时间矩和 Wigner - Hough 变换的特征提取方法，可以较好识别出 LFM 信号；文献[82 - 86]等先后利用模糊函数提取不同信号结构的脉内特征信息进行信号的分选和识别。

高阶统计量（HOS,Higher - Order Statistics）即高阶谱分析方法可自动抑制高斯（Gauss）有色噪声对非 Gauss 信号的影响，而且能抑制非高斯有色噪声影响,能对信号的幅度与相位信息进行保留[87],这些因素使得 HOS 在信号识别、分选等方面受到普遍关注[88-93]。文献[88]利用时域双谱特征对实测雷达数据进行分类,并与非高阶统计分析方法进行了比较,结果表明,在有色噪声和高斯噪声条件下,利用时域双谱特征可以获得较好的分类性能;2003年杨志祥等[89]提取出雷达辐射源信号的四阶累积量作为信号特征,并利用 Kohonen 神经网络完成交织信号的分离;2006 年贺涛等[90]对接收信号首先提取其四阶和六阶高阶累积量作为识别的特征参数,然后利用训练好的 RBF 神经网络实现不同调制类型信号的识别;同年孙洪等[91]结合高阶累积量给出了一种基于盲源分离的雷达信号分选方法,该方法可以对高斯噪声背景中混合的多个雷达信号实现分选;2009 年 Qin 等[92]利用双谱特征对雷达辐射源信号进行分选;2011 年韩俊等[93]首先利用 HOS 实现不同调制样式信号的分类,然后通过脉冲重复间隔(PRI)对具有相同调制样式不同调制参数的信号进一步分离,最后通过仿真验证了该方法的有效性。

非线性动力学分析方法通过度量信号波形的复杂度和不规则性可以将信号的脉内调制方式识别出来,如关联维、信息维、盒维、熵和复杂度等都可以描述反映信号的复杂性和不规则性。文献[94-100]等分别从这些方面入手研究了辐射源信号的脉内特征提取。2003 年张葛祥[94]用分形理论中的关联维数表征信号的复杂性和不规则性,简化了分类器的设计;同年该作者通过采用盒维数和信息维数对信号频谱形状进行复杂性度量,提取出包含信号幅度、频率和相位变化信息的辐射源信号分形特征[95];文献[96]采用 Lempel - Ziv 复杂度表征信号的复杂性和不规则性,通过复制和添加的简单计算模型来描述信号序列,将所需的添加操作次数作为序列的 Lempel - Ziv 复杂度度量。所提取出的特征具有较好的分类正确率和对噪声不敏感的特性,且简化了分类器的设计。

Pincus 在文献[101]中指出,近似熵(ApEn)是一种衡量时间序列复杂性的统计学参数,它仅需要较短数据就可度量出信号中产生新模式的概率,抗干扰能力较好。因而 ApEn 可作为描述雷达辐射源信号复杂性的一个特征,用较少的数据统计具有不同复杂性的辐射源信号序列[97];但是该方法存在信号自匹配而带来的估计偏差问题。Richman[102]提出以样本熵(SampEn)作为时间序列的统计参数,该参数具有与近似熵相同的物理意义和优点,解决了估计偏差和对微小的复杂性变化不灵敏的问题,因此可以考虑以该参数作为辐射源信号的脉内特征。

由以上分析可以看出,国内外学者从不同角度对脉内调制特征进行了分析和研究,并取得了一定研究成果,为提高电子对抗装备的性能提供了理论支持。但是其中的部分特征分析方法,如小波分析、原子分解、时频分析方法等计算复杂、烦琐,又如高阶统计量分析方法提取的特征维数过高等,这些因素都不利于工程应用。另外,应用非线性动力学方法对雷达信号进行处理是一种新的尝试,客观上拓宽了雷达信号的研究视野,但是这方面的研究尚未成熟,各种非线性动力学参数对应的雷达信号的物理意义需要进一步深入研究。

1.2.3　脉内细微特征分析

脉内无意调制特征,即表征雷达信号个体特性的"指纹"特征,是由于雷达采用某一种调制器而附加在信号上的固有特征,基本上难以完全消除。一般来讲,它是由于一些器件,如发射管、高压电源等所产生的不希望的各类寄生调制[103]。

雷达的脉内细微特征即无意调制特征是辐射源的个体特征,2004 年 Kawalec 指出[104],个体辐射源识别(SEI)的关键是提取信号的无意调制,同时该作者将雷达脉冲信号的调频特征作为脉内细微特征,并引入了线性判别分析(LDA)和主元分析(PCA)方法用来分析这些特征。1993 年 Langley[105] 提出了无意频率调制(UMOF)的概念,并将其作为特定辐射源识别的重要特征;另外,Kawalec 和 Langley 还将调频特征作为指纹用于信号分类,并且用实际数据进行了验证,很有代表性;无意幅度调制(UMOA)特征可以从信号的视频包络中提取,张国柱等[69]对此作了研究。文献[106]根据自相关运算估计基波、二次谐波和三次谐波的功率谱,并根据功率谱估计各谐波的功率,并将功率比作为谐波功率约束特征向量。

Marian[55]通过对脉内信号样本进行二维 Euclidean 空间的固定矩阵变换,得到变换测量点,并对变换测量点进行回归分析,得到特征点的联合坐标,并将这些联合坐标作为分类识别同类型辐射源信号的新特征;与其类似,Janusz[56]首先利用第二回归分析方法对变换测量点进行分析并获取部分特征点,然后根据这些特征点构造具有拉格朗日多项式形式的全局测量函数(GMF),并将由广义采样函数决定的闭合平面面积和弧长作为辐射源信号特征,最后用提取出的特征对相同类型辐射源的信号进行分类,取得了较好的分类效果;同时,该作者在文献[57]中根据仿射映射(AM)叠函数系统(IFS)构造广义采样函数(GSF)来进行特征提取。

文献[27,107-109]等根据发射机的原理提取细微特征进行辐射源的个体识别;另外,陈昌孝[110]、Chen[111]等利用双谱中包含的信号细微信息和双谱受高斯噪声和杂波影响较小等特性进行细微特征提取;王磊[84]分析了模糊函数全平面上进行核点排序和优化时的性能,将频偏接近零(包括零)的模糊函数切片作为雷达辐射源信号的主要代表性特征[84];这一方法方法可以获取稀疏的特征集,有助于找到鲁棒的辐射源个体特征,可以应用于静止和运动辐射源的无意调制识别;同时该作者提取出模糊函数代表性切片作为运动雷达的细微特征,从而保留了运动雷达辐射源信号的稳定个体特征[85]。

脉内细微特征分析方法在分选识别个体辐射源时发挥着无可替代的作用,但是,作为非常规参数,细微特征是由雷达采用某一种调制器而附加在信号上的固有特征,这种特征往往反映在同类信号的细微差别上,因此若要捕捉到这些特征信息就必须采用较大的采样带宽。例如大多数无意频率调制发生在脉冲振荡器信号的前沿和后沿,这就表明需要很高的采样率才能捕捉到这些特征信息。因此,脉内细微特征并非一种常规的去交错或识别工具。

1.2.4 聚类分选方法

正如1.2.1节中所提到的,复杂体制雷达的大量出现使得常规五参数的各参数域会出现相互交叠的现象。另外,对于非合作的电子侦察而言,截获的脉冲流一般缺少必要的先验信息,也无法确切知道截获信号的类别数目,因此有必要对缺少先验信息的辐射源信号多参数进行分选的非监督学习方法进行研究。非监督学习方法,即聚类方法是指在没有参照分类目标的情况下对样本进行类别划分,它在很多问题中都有广泛的应用[112],因此在信号分选中受到了普遍关注。考虑到人工神经网络(ANN,Artificial Neural Network),如自组织(SOM,Self-Organizing Mapping)神经网络、概率神经网络(PNN,Probabilistic Neural Networks)、径向基函数神经网络(RBFN,Radial Basis Function Network)等,都具有并行处理能力与容错能力,许多文献将其用于雷达辐射源信号分选,希望利用人工神经网络(ANN)所具有的并行处理与容错能力来解决复杂电磁环境下的雷达辐射源信号分选问题[113-115]。2001年徐欣等人[24]将自组织网络(SOM)与概率神经网络(PNN)相结合而得到SOPNN(Self-Organization PNN)神经网络分选方法,SOPNN主要用于没有先验信息的电磁环境下的脉冲列解交织;林志远[116]选用PW、RF和DOA作为分选参数,利用Kohonen神经网络分选雷达多目标;2006年郭杰[117]同样选用这几个参数并利用Kohonen神经网络实现脉冲的分选;与仅用脉间参数的Kohonen神经网络分选方法不同,2009年韩俊等[118]利用Kohonen神经网络及脉间参数和脉内参数组成的混合特征对辐射源信号进行自动分选,取得了较好的结果;2010 年王旭东等[119]利用 Eidos BSB 人工神经元网络对大量带有测量误差的雷达脉冲样本进行自联想学习,完成对脉冲模式的记忆,进而实现分选功能。

然而,基于神经网络的分选方法应用于复杂体制雷达辐射源信号的分离时存在一定的不足。例如自组织神经网络在处理未知模式空间的识别问题时需要庞大的网络规模,同时没有进行聚类有效性验证,在实际辐射源环境与先验辐射源环境存在较大差异时虚警概率大为提高;又如 PNN 存在需要样本的先验知识、对于模式重叠及交错的情况分类性能不理想等问题;而 SOPNN 对于参数空间不连通、参数相互交错条件下的脉冲流分选效果不理想等[28]。

1992 年 Chandra[120]考虑了一种两阶段的适于频率捷变信号的分选方法,该方法首先通过 DOA 和 RF 参数聚类,之后用 PRI、PW 参数对聚类后的平均值进行再处理;2003 年 Eric[121]提出一种在线分类的模糊模式重排方法,用于实际收集的脉冲信号集并取得了较好的分类效果;同年毛五星等[122]提出了一种基于支持矢量分析的雷达信号分选方法。该方法首先利用 DOA、RF 和 PW 对脉冲信号流进行聚类,然后应用支持矢量分析方法对聚类后脉冲流作进一步分选;2004 年许丹[123]探讨了在单站无源定位条件下的一种二次聚类的方法;同年,使用 K - means 聚类方法对参数相近、互相交叠的非常规雷达辐射源信号进行分选[124];之后祝正威研究了具有脉内调制特征的多部相控阵雷达辐射源信号交织脉冲流的聚类分选[125];2008 年张红昌[126]利用物理学中场和势的概念,引入了拟重力场和拟核力场两种形式势函数,通过势函数描述数据的空间分布,最后利用所获的空间分布特性实现信号的聚类分选;文献[127 - 130]分别对基于模糊聚类算法的分选方法进行了研究;2009 年陈彬[131,132]等研究了一种基于核模糊聚类和粒子群聚类的雷达信号分选算法;同年赵贵喜[133]将优化算法应用到信号分选当中,利用改进的蚁群聚类方法进行雷达信号分选;2011 年陈韬伟等[134]等提出一种基于灰关联层次聚类算法的分选方法,该方法利用灰关联测度来判断脉内特征样本之间相似程度,从而实现雷达信号的聚类分选;金栋[47]等利用基于密度的聚类算法(DB-SCAN)对由 DOA、RF 和 PRI 组成的特征矢量进行聚类,得到分选结果;Lee[135]也对基于密度聚类的分选方法进行了研究。另外,基于非均匀粒度聚类(UGC, Uneven Granules Clustering)[136]、广度优先搜索邻居聚类(BFSNC, Breadth - First Search Neighbor Clustering)[137,138]、基于子空间(subspace)的聚类方法和支持向量聚类(SVC, Support Vector Clustering)算法在雷达信号分选中的应用也有所研究[139-142]。

对于可分类别来讲,同所有多参数聚类方法一样,聚类分选的最大困扰在于:用于聚类的特征类间分离能力较差,这一问题影响了聚类方法的实际使用效果。支持向量聚类是一种相当有效的无监督的分类方法,该方法具有两大显著优势:一是能产生任意形状的簇类边界;二是能分析噪声数据点且同时能够对簇进行解交织。然而,将支持向量聚类应用于雷达辐射源信号分选存在一些限制:一是最优化问题求解耗时较长;二是邻接矩阵的计算耗时较长。因此该聚类方法难以满足信号分选实时性的要求。国强、向娟、李振兴等[139-142]应用支持向量聚类进行雷达信号分选时得到了良好的结果,但是计算耗时较多。因此,提高支持向量聚类算法的处理速度,对雷达辐射源信号分选实时性具有重要的理论意义与实际价值。

1.3　本书研究思路

纵观当前国内外对信号分选的研究可以看出,发达国家在这一领域具有明显的领先优势,很多具有相当代表性的分选方法都是首先由这些发达国家的电子战研究员发展起来的。国外学者在大力研究基于单参数[8,10]、基于多参数分选[12,46]的同时,他们也在积极开展智能化信号分选方面的理论和应用研究[2,3]。20世纪末期,伴随着许多不同新型复杂体制雷达的大量应用与部署,电磁信号环境发生了根本的变化,因此,如何从密集复杂多变的电磁信号环境中分选并识别这些复杂体制雷达信号已经成为国外电子战专家所普遍研究的热难点问题[48,61,109,143,144]。与此同时,我国电子战专家和学者就雷达辐射源信号分选这一国际性问题也做了大量工作并取得了显著的成果[2,7,24,25,33,34],但是,我国的电子战水平与发达国家相比仍有较大差距。

由以上有关辐射源信号分选的现状分析所体现出来的特点容易看出,针对复杂体制下辐射源信号的分选这一核心问题,探索并补充除常规参数之外的其他参数,并在此基础上研究和发展雷达信号的新型分选模型和算法,将具有非常重要的实际意义和广阔的应用前景。

本书在现有研究的基础上,围绕雷达辐射源信号分选展开相应的研究工作,并提出如下的研究思路。

在现代电子对抗环境中,由于各种复杂体制雷达的大量应用,电子对抗设备的急剧增加,低截获概率(LPI)技术的不断发展等因素的影响,雷达信号分选所利用的规律性信号遭到严重破坏。因此,本书在分析雷达辐射源信号分选的现有模型基础上,提出一种新的分选模型结构,进而将信号放到另外的变换域上,以不同视角利用不同的信号处理的方法对包含不同调制信息的辐射源信号进行充分的特征提取,并研究所提取特征的有效性及抗噪能力,从而形成稳健的新特征空间,以弥补现代电磁环境下利用常规参数分选雷达信号时存在的不足。考虑到所提取出的特征集合可能包含对分选有不利影响的部分特征,因此通过不同的特征选择方法,在不降低特征聚类分类能力的前提下,选取出最有利于表征辐射源信号的特征子集用于分选。

考虑到对所有信号进行特征提取时会加重 ESM 系统的处理负担,因此本书以截获辐射源信号的测量参数为基础,首先利用脉间参数进行多参数聚类预分选,然后利用漏选脉冲对应的脉内数据进行特征提取,并选出最有利于聚类分类的特征子集进行再次分选,最后对先后分选的结果进行合并,完成整个分选过程。

1.4　本书主要工作

本书紧扣综合脉间参数和脉内参数的雷达信号分选这一主题,展开讨论并深入研究了常规雷达与不同复杂体制雷达共存条件下的信号分选的相关理论问题。根据 1.3 节所确定的研究思路,本书重点对雷达信号聚类分选算法的设计及性能分析、脉内特征提取和分析,脉内特征选择与分析这 3 个重要方面进行研究,具体来说,本书的主要工作包括:

在分析雷达辐射源信号现有分选模型不足与缺陷的基础上,从新角度来研究复杂体制下雷达信号的分选问题,阐明新模型结构的特点和创新性。

提出一种联合支持向量聚类(SVC)和相似熵(SE)指标的雷达辐射源信号分选方法(称其为 SE - MSVC 分选方法)。该方法首先利用近似覆盖的原理提出一种修正的锥面聚类标识(MCCL)方法,以避免传统 SVC 应用于雷达信号分选时邻接矩阵带来的计算复杂度高的问题;然后根据提出的相似熵(SE)指标验证聚类分选的有效性,将 SE 指标极值点所对应的聚类划分视为最佳聚类效果。仿真实验表明,该方法在有效降低计算复杂度的同时获得了较好的分选准确率。

提出 SNR 变化条件下的雷达辐射源信号熵特征提取方法,该方法将反映辐射源信号复杂性的样本熵,反映辐射源信号不确定度的模糊熵和度量辐射源信号能量分布的归一化能量熵作为特征向量,并定量地分析这 3 种熵特征的抗噪性能。通过对 6 种不同调制方式的雷达信号进行仿真实验,得出的实验结果表明,文章提取的熵特征在一定信噪比范围(0~20dB)内可以获得高达94％的平均正确识别率,验证熵特征提取方法的有效性。

在高阶统计分析的基础上,提出雷达信号的一种双谱二次特征提取方法。首先,将辐射源信号的3阶谱即双谱转化为灰度图像,以灰度值表示双谱幅度;然后,运用较为成熟的图像处理技术提取双谱的二次特征,即提取出不同阶的 Zernike 和伪 Zernike 正交矩特征集反映辐射源信号双谱图像的细节和概貌信息;提取出灰度共生矩阵特征集反映双谱图像的纹理信息。最后,将这3种特征集与 Hu -不变矩特征集进行实验对比的结果表明,双谱二次特征在一定信噪比范围(0～20dB)内能够反映出不同雷达信号调制信息的差异,取得理想的分类与识别效果。

根据模糊粗糙集理论,提出两种特征选择,即属性约简方法,包括基于模糊依赖度的两步属性约简(TARFD)方法和模糊粗糙人工蜂群(FRABC)约简方法。TARFD 方法对模糊粗糙集中的依赖度概念进行扩展,使其能对条件属性之间的依赖关系进行度量,通过综合度量属性与类别和属性之间的依赖度最终确定属性重要性,从而得到最小属性集。FRABC 方法根据模糊粗糙依赖性和约简率设计了一种新的适应度函数,在此基础上利用人工蜂群算法对数据集进行约简,最后得到最小约简子集。通过两组实验验证了 TARFD 和 FRABC 方法的优越性:一是利用 UCI 上的 7 种数据集,将几种常用的约简方法与 TARFD 和 FRABC 方法在不同的分类器下进行比较分析,结果表明提出的两种属性约简方法在保持分类正确率和获取最小属性子集的性能上均较其他方法优越;二是对提取的 6 种典型辐射源信号的不同特征集进行分类识别实验,结果同样证明,与其他方法相比,TARFD 和 FRABC 约简方法在没有降低分类识别率的同时,获得了最小的脉内特征子集。

采用典型侦察条件下同方向、同频段的 6 部复杂体制雷达信号进行仿真实验,以验证提出分选模型的有效性。在实验中,提出一种基于核簇概念的支持向量聚类(CCSVC)分选方法。CCSVC 通过核簇保证利用脉间参数分选时获得的聚类结果具有最佳类内聚集性和类间分离性,然后利用 SE - MSVC 分选方法,对漏选脉冲的脉内特征进行二次分选,最后合并两次分选结果达到最终分选的目的。仿真结果表明,该方法仅须对部分脉内数据进行特征提取,与利用单独的脉间参数或脉内特征进行分选相比,该方法在不同脉冲丢失率的情况下均获得了较好的分选效果,在信噪比为 0dB 时,不同截获时间对应的平均分选正确率仍达到 90％以上,验证了新分选模型的有效性。

第2章 雷达辐射源信号分选模型结构

2.1 引　　言

在分析雷达信号分选的现有模型结构不足和缺陷的基础上,本章引入一种新的分选模型结构。该结构以一种全新的思路对雷达信号分选问题进行研究。对新模型结构的特点与创新性进行阐述,同时对该结构不同组成部分的作用和功能进行简明扼要的说明。最后,利用新分选模型结构导出后续章节所要研究的内容,从而突出不同章节内容之间的内在联系。

2.2　传统分选模型结构

雷达辐射源信号分选的目的在于利用信号的脉间和脉内参数将随机交织在一起的信号流分离开来,并利用这些参数完成以下功能[145]:①识别作战环境下的敌方雷达;②确定其部署位置及方向;③根据其威胁向友军预警;④向侦察人员提供敌方雷达技术参数,雷达体系和战术运用特征等信息。

图2.1显示出传统雷达辐射源信号的分选模型结构,在该结构中,分选所用的参数主要是 TOA、PW、DOA、RF 和 PA[1,28]。

图2.1　辐射源分选传统模型结构

图2.1中,参数测量的主要作用是获取雷达信号的不同参数,如 TOA、PW、DOA、RF 和 PA 等,为脉冲序列的分选与识别做好准备;脉冲流稀释由分选预处理部分完成,稀释后得到已知雷达信号的子流和未知雷达信号的子流。雷达辐射源信号主处理部分利用单参数(如 TOA),或者利用不同参数逐级分选(如先利用空域参数 DOA,然后利用频域参数 RF,最后利用时域参数 PW 和 TOA 完成整个分选)或者利用多参数(如利用 RF、PRI 和 PW 直接组

成特征向量)进行分选。辐射源参数库的作用是存放已知多种辐射源的特征参数值,以供之后的识别方法调用,同时存储通过其他方法识别辐射源信号得到的特征参数值。

当电磁环境中信号流密度不是很大,常规参数比较稳定时图 2.1 所示的模型结构较为有效,即该模型结构在一定条件下仅适合于常规参数基本不变时的雷达信号分选。但是当代电磁环境中雷达辐射源信号的波形设计逐渐趋于复杂化,传统的固定重频、参差、抖动等信号波形在现代雷达设计中大为减少,而复杂的重频样式如捷变、随机重频等成为当代雷达设计的热点,这些特点都使得战场电磁环境急剧恶化。以当代相控阵雷达为例,其具有天线波束随机扫描的功能,可实现随机和边跟踪边搜索功能,因此,这种雷达的脉冲参数也是随机可变的。另外,相控阵雷达的载频随波束指向而发生变化,脉冲重复周期(PRI)与脉冲宽度(PW)随着探测距离的变化而变化。同时,天线的波束对每一目标的照射时间也跟随搜索和跟踪状态的不同而发生变化,这些因素使得信号脉冲参数不再具有重复性的变化规律,从而造成了图 2.1 所示模型结构的失效。

从另一方面讲,该模型结构表明分选是为识别服务的,其分选结果直接影响识别的准确性,同时存在分选与识别过程不可逆,信息交互困难,抗噪性能还有待进一步提高等缺点。基于上述原因,有学者给出了一种利用脉内特征进行信号分选识别的方法[27],其基本原理如图 2.2 所示。

图 2.2　基于脉内特征参数进行雷达信号分选模型

从图中可知,该方法主要就雷达辐射源信号的有意和无意调制特征提取、分类数目估计和聚类分选识别三个方面进行研究,作者认为分类数目估计为无监督聚类分选识别提供了必要的先验信息,有助于对分选结果的合理性和有效性进行评价。与传统分选模型相比,图 2.2 所示分选模型主要体现在特征提取、分类数目估计和聚类方法上。特征提取是指通过对辐射源信号进行线性或非线性变换,提取出可以表征信号特征的有别于常规五参数的特征参数。分类数目估计是指通过一定的准则(如最小描述长度准则等)估计出辐射源的数目,而后利用有效的聚类算法完成信号的聚类分选。

虽然该模型比早期识别模型更完善一些,但面对日益复杂的电磁环境和新体制复杂雷达辐射源信号的不断涌现,仍然存在一些不足。主要体现在:

(1)分选后的同类辐射源信号中有可能存在错选或者异常脉冲,该模型并没有对这一种异常进行处理,使得用于识别辐射源的参数的精度不高,甚至造成信号的漏警和虚警。

(2)作为非常规参数,无意调制特征是由雷达采用某一种调制器而附加在信号上的固有特征,这种特征往往反映在同类信号的细微差别上,因此若要捕捉到这些特征信息就必须采用较大的采样带宽。例如,大多数无意频率调制发生在脉冲振荡器信号的前沿和后沿,这就表明需要很高的采样率才能捕捉到这些特征信息。因此,脉内无意调制特征并非一种常规的去交错或识别工具。

(3)分类数目的估计算法服务于聚类算法,但也直接影响着聚类分选的准确性和时效性。

另外,文献[27]将脉间参数与脉内特征共同组成特征向量用来进行分选,该方法通过组合脉间参数和脉内参数以降低或部分降低单纯使用脉间或脉内特征所造成的交叠,取得了较好的结果,但是该方法需要对所有的雷达信号进行脉内特征提取,这样处理无形中加重了 ESM 系统的处理负担,不利于实际应用。

2.3　一种新的分选模型结构

本书在现有模型的基础上提出如图 2.3 所示的分选模型结构来研究复杂辐射源信号的分选问题。该模型针对复杂密集电磁环境下的未知辐射源信号,综合利用信号的脉间参数和脉内调制特征进行分选。首先利用常规参数对交织信号进行聚类预分选,然后选取漏选脉冲对应的脉内数据,并提取出有利于信号分选的脉内调制特征,接着利用特征选择算法选取雷达辐射源信号的关键特征,并采用聚类方法对选出的特征进行聚类分选,最后合并两次分选结果完成最终分选。

图 2.3 所示新未知辐射源信号分选新模型主要由雷达对抗侦察接收、辐射源信号参数测量、多参综合聚类分选、脉内特征提取、特征选择和脉内特征聚类分选几大部分组成,下面对其进行简要说明,其中多参综合聚类分选、脉内特征提取、特征选择和脉内特征聚类分选几大部分将在后续章节中进行重

点研究。

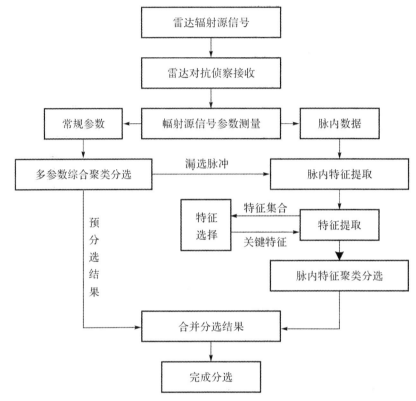

图 2.3　未知雷达辐射源信号分选新模型结构

1. 雷达信号侦察接收

雷达信号侦察接收的任务由侦察接收机完成,在侦察接收过程中,信号的传播是这样的:雷达信号从雷达天线发射出来后,经过传播空间到达雷达对抗侦察机天线,侦察接收机从大量的雷达信号中选择某些信号进行放大与处理,最后在终端设备上获得侦察数据。目前,雷达侦察常采用的接收机有以下 6种:晶体视频接收机、超外差接收机、瞬时测频接收机(IFM)、信道化接收机、压缩接收机和声光接收机。各种接收机可以测量的信号及测量的精度是不同的,因此,现代雷达侦察机常常把几种接收机组合运用、组成综合式接收机。早期的雷达对抗侦察机终端常用模拟处理设备和指示与记录设备,现代雷达对抗侦察机的终端一般采用计算机控制和处理,以及数字、图形显示与记录[6]。

现代雷达对抗侦察机一般都有多种工作状态,如在频率测量中常包括自动搜索状态、人工状态和自动跟踪状态等。因此在侦察过程中,有时必须选择适当的工作状态和量程挡位,才能得到正确的测量数据。

2.辐射源信号参数测量

雷达侦察设备截获的每个瞬时信号必须以一组参数为表征,它提供了将某组信号与其从属的特定辐射源联系起来并从截获到的众多辐射源信号中识别出这个辐射源所需的信息。典型侦察设备组成如图 2.4 所示[1],通常测量的脉冲参数包括 TOA、RF、PA、PW 和 DOA。在有些系统中,输入信号的极化也要测量。脉内频率调制(FMOP)是另一个可用于分选识别辐射源的参数,还可以用于确定脉冲压缩(PC)信号的线性调频斜率或相位编码。

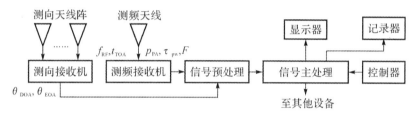

图 2.4　典型雷达侦察设备

对雷达射频脉冲 DOA 和 RF 的检测、测量,分别由雷达侦察系统的测向天线、测向接收机和测频天线、测频接收机完成。雷达信号脉冲参数主要是指脉冲的 TOA、PW 和 PA 等,对它们也必须进行测量和量化,才可送信号处理输入端进行信号处理。

现代雷达侦察设备采用数字接收机来完成数字测频、测向和脉内调制分析等。根据信号处理的需要,数字接收机与模拟的测向、测频接收机并行使用,这样既可以发挥模拟的测向、测频接收机瞬时视野宽、瞬时带宽大、截获概率高、处理速度快的优点,也可以发挥数字接收机测量参数精度高、分辨力高、细微特征检测和识别能力强的优点,从而提高雷达侦察设备信号处理的能力和技术指标[1,146]。

3.脉内特征提取

特征提取是通过线性或非线性的变换,从原始数据中提取出最能表征数据的特征。对于脉内特征提取来讲,就是从脉内数据中提取最具有类内聚集性和类间分离性的特征,使信号之间的特征区分明显,从而为分选识别雷达信号做准备。考虑到雷达信号包络受噪声、多径干扰等的影响较大,脉内特征提取法适用的范围不同,因此需要找到合适的特征提取算法对其分析,从而补充常规参数之外的新特征,在常规参数分选性能降低时提供新的分选途径。

4. 特征选择

特征选择是从原始数据的特征集合中挑选出一些最能表征数据本质的特征,以达到降低特征空间特征维数,降低甚或消除特征提取的主观性的目的。利用特征选择对脉内特征进行挑选,旨在解决两个问题,一是剔除与要解决的聚类分类问题关系并不密切,有可能在后续的处理过程中影响聚类分类效果的特征;二是即使很多特征都与聚类分类的关系密切,但是过多的特征将带来计算量大、推广能力差等问题,因此在保证聚类分类效果的同时,期望用尽可能少的特征来完成辐射源信号的聚类分类问题,特征选择正是用于解决这一问题的理论工具。

5. 脉内特征聚类分选

聚类分选是指通过非监督学习的聚类方法,完成交织数据流的分离。非监督学习方法广泛应用于模式识别等领域,它或者基于样本的概率分布模型进行聚类划分,或者直接根据样本间的距离或相似形度量进行聚类。对于复杂密集电磁环境下截获的脉冲流而言,脉冲的概率分布是难以进行建模的,因此利用相似性度量的方法对其进行聚类分选。

在复杂密集电磁环境下,脉间参数交叠会很严重,且同一到达方向的脉冲流急剧增多,从而造成了 DOA 分选参数失效的可能,多参数综合聚类分选方法利用脉间参数进行预分选,尽可能获得可靠的聚类结果(指每一簇类中尽可能只包含一种辐射源),这样可以分选出对后续识别而言最有意义的聚类,有助于提高信号识别的准确性和可靠性。

脉内特征聚类分选是指,通过对漏选脉冲进行特征提取和选择后,利用聚类方法对脉内特征进行聚类分析。前面提到,复杂密集电磁环境下来源于同方向的脉冲数目急剧增多,通过多参数综合聚类分选获得尽可能可靠的聚类结果,并漏选其余脉冲,这些漏选的脉冲在常规参数域进行聚类分选时不易确定类别,因而利用特征提取方法获取新的特征用于分选,通过在不同的参数域对漏选脉冲进行处理,一方面可以提高分选正确率,另一方面可以解决将脉间参数和脉内特征组成特征向量进行分选时计算量大的问题。为复杂电磁环境下的辐射源信号分选提供了新的思路。

图 2.3 所示的分选模型结构的创新性或最重要的特点在于:

(1)新模型针对脉间参数预分选后存在的漏选脉冲进行后续处理,提取其对应的脉内特征用于进一步分选,通过这一过程扩展了特征参数域,从而降低了脉冲平均错选的概率。

（2）新模型采用分步分选的模式，首先对雷达脉冲数据进行预分选，然后利用脉内参数对漏选脉冲进一步处理，将基于脉间参数和脉内特征的分选方法相结合，而并不是简单的将脉间参数和脉内特征组合成联合特征向量，从而降低了运算量，更有利于雷达辐射源信号的实时有效处理。

（3）在新模型结构中对提取的不同类型的特征进行特征选择，选取最优特征集。在确保分选正确率的情况下进一步减少了需要处理的数据量。

（4）新模型结构所体现的是一个完整的雷达信号智能分选系统，该系统能对复杂多变电磁中的雷达信号快速自动分选，以实现电子对抗装备的自动化与智能化，从而将极大地改进现用的人工判别方式，提高 ESM、ELNT 和 RWR 系统的理论与应用水平。

根据图 2.3 所示的模型结构，本书在后续章节中将根据以下思路来实现复杂体制雷达信号的分选研究：首先，利用常规参数对交织信号进行聚类分选，实现雷达信号的预分选；然后，对漏选的脉冲进行后续处理，由漏选脉冲提取出有利于信号分选识别的脉内调制特征；在特征提取过程中考虑噪声的影响，同时提取出不同 SNR 条件下的信号特征进行比较；接着，为降低算法处理的运算量和复杂度，提高雷达信号分选的实时性和有效性，利用特征选择算法选取最有利于分选识别的信号特征；最后，采用聚类方法对选出的特征进行二次聚类分选，合并两次分选结果从而得到最终分选结果。

依据这样的思路，本书在第 3、4、5 和 6 章中分别研究雷达辐射源信号的参数聚类分选方法，脉内特征提取和特征选择，然后在第 7 章中将第 3、4、5 和 6 章内容进行总结性实验，验证本章新模型结构的有效性，并得出结论。

2.4　本 章 小 结

本章对常规分选模型结构存在的缺陷与不足进行分析，提出了一种适合于复杂体制雷达信号的新分选模型结构，对新模型结构中关键模块的主要功能进行介绍，最后指出本书后续章节需要研究的主要内容。

第3章 基于支持向量聚类的分选方法

3.1 引　　言

　　雷达信号分选是从随机交织的脉冲信号流中分离出不同雷达的脉冲序列,并选出有用信号的过程,是电子情报侦察系统(ELINT)和电子支援系统(ESM)中的重要组成部分,直接影响着电子侦察设备性能的发挥并关系到后续的作战决策[6,147]。对于非合作的电子侦察而言,截获的脉冲流一般缺少必要的先验信息[147],因此有必要对缺少先验信息的脉冲流进行分选的聚类方法研究[28]。聚类(clustering)是指将数据对象分组,使其成为多个类或者簇(cluster),分组后同一簇中的对象间具有较高相似度,不同簇中对象相似度较低[148],聚类与分类的最大区别在于,聚类属于无监督学习方法,它要划分的类是未知的,因此尤其适合解决交织脉冲流的的分离问题。学者们提出了多种基于聚类分析的分选方法,例如 K - means 算法以及它的改进算法[124,149,150]、模糊聚类算法[127-130]、基于密度聚类[47,135]、广度优先搜索邻居聚类[137,138]和灰关联层次聚类方法[134]等,但是同所有多参数分选方法一样,对于可分类别来讲,困扰聚类分选的根源在于:用于聚类的特征没有很好的类间分离能力,这一因素影响了聚类方法的实际使用效果。

　　支持向量聚类(SVC)[151]方法的出现很好地解决了这一问题,SVC 是一种相当有效的无监督分类方法,它具有两大明显优势:一是能够产生任意形状的簇类边界;二是能够分析数据中包含的噪声点且能对相互交织的簇进行分离。但是,将支持向量聚类应用于雷达辐射源信号分选存在两点问题:一是最优化问题求解时速度较慢;二是邻接矩阵的计算耗时较高。以上两点使得支持向量聚类难以满足雷达辐射源信号分选实时性要求。在文献[139 - 142]中,作者应用支持向量聚类进行雷达辐射源信号分选时取得了较好结果,其缺点是耗时较多(实验部分列出了结果对比)。因此提高支持向量聚类算法的运行效率,对雷达辐射源信号实时分选具有重要理论意义与实用价值。

　　通过对支持向量聚类算法进行分析可以得知,邻接矩阵计算消耗的时间超过最优化问题求解消耗的时间。基于以上考虑,首先,本章研究基于修正锥面聚类标识(MCCL,Modification Cone Cluster Labeling)的 SVC 算法(MC-MSVC,Modification Cone Mapping SVC),该算法用以避免邻接矩阵的计算;其次,提出一种相似熵(SE,Similitude Entropy)指标,用以验证聚类的有效性;最后,利用脉冲描述字子集,即利用[RF,PW,DOA]对复杂环境下雷达辐射源信号进行分选实验,以验证提出分选方法的有效性和低复杂性。

3.2　支持向量聚类分选模型

支持向量聚类(SVC)是 Ben－Hur 等在基于高斯核的支持向量域描述(SVDD,Support Vector Domain Description)算法基础上进一步发展起来的非参数无监督型的聚类算法[147,151]。该算法基本思想是:利用高斯核,将数据空间中的数据点映射到一个高维特征空间中,并在特征空间中寻找一个能包围所有数据点像的最小半径超球面,将这个超球面反映射回数据空间,最终得到包含所有数据点的等值线集[147]。

支持向量聚类通过非线性映射增加了数据点线性可分的概率,能较好地分辨、提取并放大有用特征,融入松弛量后能有效排除异常值,实现更为准确的聚类[147]。假设描述雷达脉冲的特征向量集为 G,雷达信号样本数据集为 $\{g_i\} \subseteq G, i=1,2,\cdots,N, G \subseteq \Re^d$,其中 N 为总样本数,d 为特征的维数。结合支持向量聚类的优良特性,通过将数据空间中的样本映射到特征空间,得到一个中心为 a,半径为 R 的最优超球面[147],此时可建立如下式所示的支持向量聚类(SVC)分选模型:

$$\begin{aligned} \min \quad & R^2 + C\sum_i \xi_i \\ \text{s. t.} \quad & \|\boldsymbol{\Phi}(g_i) - a\|^2 \leqslant R^2 + \xi_i, \quad \xi_i \geqslant 0 \end{aligned} \right\} \tag{3.1}$$

式中,C 表示惩罚因子;$\boldsymbol{\Phi}$ 表示由数据空间到特征空间的非线性映射;$\boldsymbol{\Phi}(g_i)$ 表示数据空间中数据点 g 在特征空间中的映像;$\|\cdot\|$ 表示欧几里得范数;ξ_i 表示松弛量[147]。

式(3.1)所描述约束问题的 Lagrangian 算式为

$$L = R^2 - \sum_i (R^2 + \xi_i - \|\boldsymbol{\Phi}(g_i) - a\|^2)\beta_i - \sum_i \xi_i \mu_i + C\sum_i \xi_i \tag{3.2}$$

式中,β_i 为拉格朗日乘子。

由式(3.2)对 R、a 和 ξ 求导并令导数等于 0,得

$$\left.\begin{aligned} \sum_i \beta_i &= 1 \\ \sum_i \beta_i \boldsymbol{\Phi}(\boldsymbol{g}_i) &= \boldsymbol{a} \\ \beta_i &= C - \mu_i \end{aligned}\right\}$$

(3.3)

则由 Wolfe 对偶形式推导出式(3.1)的等价问题为

$$\max_{\beta} \left(\sum_i \beta_i \boldsymbol{\Phi}^{\mathrm{T}}(\boldsymbol{g}_i) \boldsymbol{\Phi}(\boldsymbol{g}_i) - \sum_{i,j} \beta_i \beta_j \boldsymbol{\Phi}^{\mathrm{T}}(\boldsymbol{g}_i) \boldsymbol{\Phi}(\boldsymbol{g}_j) \right)$$

$$\mathrm{s.\,t.}\ 0 \leqslant \beta_i \leqslant C, \quad \sum_i \beta_i = 1, \quad i = 1, 2, \cdots, N$$

(3.4)

引入高斯核函数 $K(\boldsymbol{g}_i, \boldsymbol{g}_j) = \boldsymbol{\Phi}^{\mathrm{T}}(\boldsymbol{g}_i) \boldsymbol{\Phi}(\boldsymbol{g}_j) = \mathrm{e}^{-q\|\boldsymbol{g}_i - \boldsymbol{g}_j\|^2}$，其中 q 为高斯核宽度，则由式(3.1)约束条件可知，特征空间中映射点到球心距离为[147]

$$R^2(\boldsymbol{g}) = \|\boldsymbol{\Phi}(\boldsymbol{g}) - \boldsymbol{a}\|^2 = 1 - 2\sum_j \beta_j K(\boldsymbol{g}_j, \boldsymbol{g}) + \sum_{i,j} \beta_i \beta_j K(\boldsymbol{g}_i, \boldsymbol{g}_j)$$

(3.5)

由式(3.4)和(3.5)即可推导出最优 β_i 值和最优超球面半径 R，形成数据空间中的等值线，等值线由点 $\{\boldsymbol{g}: R(\boldsymbol{g}) = R\}$ 定义。

经上述分析，并结合 Karush-Kuhn-Tucker (KKT)条件[152]可得出以下结论[147]：

(1) 满足 $0 < \beta_i < C$ 的点 $\boldsymbol{\Phi}(\boldsymbol{g}_i)$ 处于最优超球面上，这些点称为支持向量(SVs, Support Vectors)；对于任何支持向量(SV)$\boldsymbol{v}_i$，式 $R(\boldsymbol{v}_i) = R$ 都成立，这些点即为聚类边界，数据空间中同一边界等值线上的点确定了同一类雷达信号样本数据的聚类边界，边界形状取决于核函数[147]；

(2) 满足 $\beta_i = C$ 的点 $\boldsymbol{\Phi}(\boldsymbol{g}_i)$ 处于最优超球面外，这些点称为边界支持向量(BSVs, Bounded Support Vectors)，此时 $R(\boldsymbol{g}_i) > R$，点 $\boldsymbol{g}_i$ 处于数据空间外部等值线上，这些点代表异常值[147]；

(3) 满足 $\beta_i = 0$ 的点 $\boldsymbol{\Phi}(\boldsymbol{g}_i)$ 处于最优超球面内，此时 $R(\boldsymbol{g}_i) < R$，点 $\boldsymbol{g}_i$ 处于数据空间内部等值线上，同一内部等值线上的点确定了同一类雷达信号样本数据[147]。

3.3 聚类标识算法

但是等值线不足以定义聚类，为解决这一问题，Ben-Hur 等[151]提出利用路径采样进行聚类标识(CL, Cluster Labeling)的方法。路径采样方法首先在数据空间中找两个数据点,并在该两点的连线上取得 m 个采样点(一般情况下,$m=20$),然后判断这些采样点在特征空间中是否位于最优超球面内部,如果条件为真,则说明这两个数据点位于相同类中。对所有数据点重复进行路径采样操作,采样同时构造邻接矩阵,将属于相同类中的数据点对应的矩阵元素标记为 1,否则为 0。聚类可据此定义为:关联矩阵 $\boldsymbol{A}$ 中邻近元素的集合。然后通过深度优先搜索(DFS, Depth First Search)等搜索算法查询其连接成分,然后根据关联矩阵进行聚类标识。在邻接矩阵的意义上,一个连通部分标记为一个聚类,而连通部分仅有一个元素的,让它们分到最近聚类中,从而完成整个聚类过程。

之后许多学者先后根据路径采样方法提出了不同的聚类标识算法。Ben-Hur 对完全图(CG, Complete Graph)方法进行改进,利用支持向量图(SVG, Support Vector Graph)算法来区分相同簇类与不同簇类之间的数据点[151],Yang 介绍了相似图(PG, Proximity Graph)的思想[153],Lee 介绍了"SEP-CG""E-SVC"的思想,并提出了梯度下降(GD, Gradient Descent)算法用以聚类标识[154]。下面对这几种聚类标识方法进行研究。

1. 完全图(CG)法

CG 算法是根据以下原理得到的[151]:对于属于不同簇类的两个数据点 $\boldsymbol{g}_i$ 和 $\boldsymbol{g}_j$,应该存在点 $\boldsymbol{y}$ 位于其连线上,使得 $R(\boldsymbol{y})>R$,即点 $\boldsymbol{y}$ 位于特征空间超球面以外。据此 Ben-Hur 等通过下述方法建立了邻接矩阵元素 A_{ij} 用以进行聚类标识:

步骤 1　取满足条件 $0 \leqslant \beta_{i,j}<C$ 的两点 $\boldsymbol{g}_i$ 和 $\boldsymbol{g}_j$;

步骤 2　取 $\boldsymbol{y}$ 为连接 $\boldsymbol{g}_i$,$\boldsymbol{g}_j$ 线段上的一点,并通过式(3.5)计算 $\boldsymbol{\Phi}(\boldsymbol{y})$ 与球心 $\boldsymbol{a}$ 的距离 $R(\boldsymbol{y})$;

步骤 3　重复步骤 2 直到完成判定所取的 m 个采样点,如果所有 $\boldsymbol{y}$ 都满足 $R(\boldsymbol{y}) \leqslant R$,则记 $A_{ij}=1$,否则记 $A_{ij}=0$;

步骤 4　重复步骤 1,直到取完所有满足 $0 \leqslant \beta_{i,j}<C$ 的点。

该方法需要判定所有满足条件的数据点之间的邻接关系,因此计算复杂度较高,达到 $O(mN^2 N_{sv})$。

2. 支持向量图(SVG)法

SVG 算法与 CG 类似,区别在于 SVG 将 CG 算法中步骤 1 有关选取数据点的限制条件改为 $\boldsymbol{g}_i$ 满足 $\beta_i=0$,$\boldsymbol{g}_j$ 满足 $0<\beta_{i,j}<C$,即 SVG 算法仅计算数据点和支持向量 SVs 之间的邻接矩阵即可[151]。

与 CG 算法相比,SVG 算法仅用支持向量计算邻接矩阵,计算复杂度显然比前者较低,近似为 $O(mNN_{sv}^2)$。但是利用 SVG 算法进行聚类标识存在两个问题:① 当支持向量数目 N_{sv} 大于 $0.05N \sim 0.1N$ 时,其计算复杂度仍然是二次方的;② 特征空间中的近邻数据点更趋于聚为一类,而仅考虑支持向量之间的邻接关系将忽略这种趋势,从而可能造成近邻数据的非邻接判断,这会使聚类结果的正确性降低。

3. 近似图(PG)法

PG 法的基本思想是:首先根据某种近邻测度生成近邻图,其中连接两个节点 g_i 和 g_j 的边 e 之权值 w_e 为此两点某种近邻测度 $d(g_i, g_j)$,然后根据 CG 算法计算近邻图中属于同一边的两节点 g_i 和 g_j 邻接矩阵元素 A_{ij},最后在近邻图中,由 $A_{ij} = 1$ 的活动边形成活动路径,此活动路径即为连接成分[153]。根据不同的近邻图可以形成不同的聚类标识方法,如"Delaunay Diagram (DD)""Minimum Spanning Tree (MST)", "k - Nearest Neighbors (KNN)" 等[155,156]。该方法近似计算复杂度为 $O(N^2 + mNN_{sv})$。

4. 梯度下降(GD)法

首先对式(3.5)进行改写,改写后如下式所示:

$$f(g) := R^2(g) = \| \Phi(g) - a \|^2 = K(g,g) - 2\sum_j \beta_j K(g_j, g) +$$

$$\sum_{i,j} \beta_i \beta_j K(g_i, g_j) \tag{3.6}$$

然后考查式(3.6),可发现聚类边界由一系列等值线构造,这些等值线包含数据空间中满足 $\{g : f(g) = R\}$ 的数据点,其中,$R = R(v_i)$,v_i 为支持向量。将水平集(level set)$f(\cdot)$ 分解为如下式所示的互不相交的连接集合(connected sets):

$$L_f(R^2) := \{g : f(g) \leqslant R^2\} = C_1 \bigcup \cdots \bigcup C_p \tag{3.7}$$

式中,C_i,$i = 1, 2, \cdots, p$ 表示对应不同簇集;p 表示由 $f(\cdot)$ 确定的簇集数目。

由公式(3.7)确定的簇描述并不能直接用于聚类标识,因而 Lee 等[154]结合梯度下降法,根据公式(3.7)提出了以下方法用于聚类标识。

首先,定义如下归一化梯度下降算式:

$$\frac{\mathrm{d}g}{\mathrm{d}t} = -\mathrm{grad}_G f(g) \equiv - G(g)^{-1} \nabla f(g) \tag{3.8}$$

其中,$G(g)$ 表示正定对称矩阵,$g \in \Re^n$,考虑到式(3.6)所描述函数的二次可微和范数 ∇f 有界[157,158],因此对每个初始条件 $g(0) = g_0$,唯一解 $g(\cdot) : \Re \rightarrow \Re^n$ 都存在。称满足 $\nabla f(g) = 0$ 的状态向量 g 为平衡点,如果 g 的雅可比矩阵 $J_f(g) \equiv \nabla^2 f(g)$ 的特征值都为正,则称其为渐进稳定平衡点(asymptotical stable equilibrium point)。

　　然后,通过算式(3.8)求出 M 个稳定平衡点,并找出其余收敛于第 k 个稳定平衡点的原始数据点并将其归为第 k 类,使得原始数据空间形成如式(3.9)表示的 M 个彼此分离的集合,其中 M 是由式(3.8)确定的平衡点数目:

$$\{\boldsymbol{g}_i\}_{i=1}^{N} = \langle \boldsymbol{w}_1 \rangle \bigcup \cdots \bigcup \langle \boldsymbol{w}_M \rangle \tag{3.9}$$

　　最后,通过计算 M 个稳定平衡点的邻接矩阵将 M 个稳定平衡点聚类,并将聚为同一类的稳定平衡点所对应的数据点聚为一类,从而完成聚类标识。该算法近似计算复杂度为 $O[mN^2(k+N_{sv})]^{[159]}$。

　　以上 4 种 CL 算法构造邻接矩阵时都依赖路径采样算法,但是构造邻接矩阵需要对所有数据点对进行路径采样,因此基于该方法的 CL 计算复杂度较高;另外,该方法还存在以下两个问题:一是特征空间中的映射具有高度非线性,在数据空间中采用直线路径为采样基准的方案准确性有待进一步验证;二是至今没有相关研究可以明确最佳路径采样点数,如果 m 取值不当,就会造成两种邻接矩阵构造错误,如图 3.1 所示。

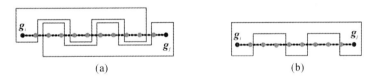

图 3.1　采用路径采样构造邻接矩阵时存在的问题

　　在图 3.1(a)中,$\boldsymbol{g}_i$ 和 $\boldsymbol{g}_j$ 分属于不同的等值线,但是当路径采样点过少时,$\boldsymbol{g}_i$ 和 $\boldsymbol{g}_j$ 将会被认为在同一个等值线内;与之相反,图 3.1(b)中 $\boldsymbol{g}_i$ 和 $\boldsymbol{g}_j$ 位于同一等值线内,但是其部分采样点处于等值线以外,从而造成误判。

　　因此,采用路径采样方法进行聚类标识(CL)不能满足现代电子对抗环境下雷达信号分选的实时性与准确性的要求。

3.4　基于近似覆盖的聚类标识

　　为提高信号分选的实时性和准确性,避免邻接矩阵的计算,可以给特征空间中的符合一定规则的映射点定义一种约束,意即在特征空间中,找出包含 SV 映射并且覆盖超球面关键部分的近似覆盖;在数据空间中,这一近似覆盖对应一个等值线的最小超球面近似覆盖,后者内的数据点即为数据空间中的符合特征空间约束条件的原像,通过这一近似覆盖即可形成具有较强类内聚集性的原像集合[159]，聚类的过程就可通过对这些集合重新进行聚类来完成。

3.4.1 近似覆盖的原理

将核函数引入式(3.5)，那么：

$$R^2(\boldsymbol{g}) = 1 - 2\sum_j \beta_j e^{-q\|\boldsymbol{g}_j - \boldsymbol{g}\|^2} + \sum_{i,j}\beta_i\beta_j e^{-q\|\boldsymbol{g}_i - \boldsymbol{g}_j\|^2} \tag{3.10}$$

由式(3.10)通过对 q 求导，即可得出 $R^2(\boldsymbol{g})$ 为 q 的非降函数这一结论[147]，因此当 $0 < q < \infty$ 时，$0 < R < 1$。

再由 $K(\boldsymbol{g}_i, \boldsymbol{g}_i) = 1$ 知，$\boldsymbol{\Phi}(\boldsymbol{g}_i)$ 位于核空间中的单位球面上，即 $\|\boldsymbol{\Phi}(\boldsymbol{g}_i)\| = 1$。因此

$$\|\boldsymbol{a}\| = \|\sum_i \beta_i\boldsymbol{\Phi}(\boldsymbol{g}_i)\| = \|\beta_1\boldsymbol{\Phi}(\boldsymbol{g}_1) + \beta_2\boldsymbol{\Phi}(\boldsymbol{g}_2) + \cdots + \beta_n\boldsymbol{\Phi}(\boldsymbol{g}_n)\| \leqslant$$
$$\|\beta_1\boldsymbol{\Phi}(\boldsymbol{g}_1)\| + \|\beta_2\boldsymbol{\Phi}(\boldsymbol{g}_2)\| + \cdots + \|\beta_n\boldsymbol{\Phi}(\boldsymbol{g}_n)\| = 1 \tag{3.11}$$

即 $\|\boldsymbol{a}\| \leqslant 1$，说明最小闭包球球心位于单位球面上或者球面内。

设 $V = \{\boldsymbol{v}_i \mid \boldsymbol{v}_i$ 为支持向量，$1 \leqslant i \leqslant N_{sv}$，$N_{sv}$ 为 SV 数目$\}$，$\boldsymbol{O}$ 表示特征空间的原点，那么由 $\boldsymbol{v}_i$ 位于两个超球面相交的超圆上这一结论可推得，对所有 $\boldsymbol{v}_i$ 都有 $\angle\boldsymbol{\Phi}(\boldsymbol{v}_i)\boldsymbol{Oa} = \theta$，且由 $0 < R < 1$ 和 $\|\boldsymbol{a}\| \leqslant 1$ 可知 $0 \leqslant \theta \leqslant \pi/2$。

通过上述分析，令 $\boldsymbol{\varepsilon}_{v_i}$ 表示以 $\Phi(\boldsymbol{v}_i)$ 为轴，θ 为基角形成的 SV 锥面，那么 $\bigcup_i\boldsymbol{\varepsilon}_{v_i}$ 形成一单位超球面，该超球面被所求超球面包含部分 P 近似覆盖，意即 $(\bigcup_i\boldsymbol{\varepsilon}_{v_i})\bigcap P \approx P$。在数据空间中，令 $\boldsymbol{s}_{v_i}$ 表示以 $\boldsymbol{v}_i$ 为球心，以 $\|\boldsymbol{v}_i - \boldsymbol{x}_i\|$ 为半径的超球面 $\boldsymbol{s}_{v_i}$，且有 $\boldsymbol{x}_i \in V$ 且 $\angle\boldsymbol{\Phi}(v_i)\boldsymbol{O}\Phi(\boldsymbol{x}_i) = \theta$，则 $\bigcup_i\boldsymbol{s}_{v_i}$ 形成数据空间中等值线集 P' 的近似覆盖，即 $(\bigcup_i\boldsymbol{s}_{v_i})\bigcap P' \approx P'$，且 $\boldsymbol{\Phi}(P') = P$[147]。

设特征空间中 $\Phi(\boldsymbol{u})$ 位于支持向量锥面内，即 $\Phi(\boldsymbol{u}) \in (\boldsymbol{\varepsilon}_{v_i}\bigcap P)$，那么在数据空间中，$\boldsymbol{u}$ 位于超球面 $\boldsymbol{s}_{v_i}$ 内[159]，意即 $\boldsymbol{u}$ 位于 SV 锥面内部的映射点 $\Phi(\boldsymbol{u})$，它的原像 $\boldsymbol{u}$ 处于以 $SV\boldsymbol{v}_i$ 为圆心的超球面之内，同时，这些点全部属于该 SV 所在类别。因此，先对所有 SVs 聚类，然后将其余数据点逐一合并为与其最近的 SV 所在的类别，此时即可完成最终聚类。

对 SV 聚类时，假如 $\boldsymbol{s}_{v_i}\bigcap\boldsymbol{s}_{v_j} \neq \Phi$，那么认为 $\boldsymbol{v}_i$ 与 $\boldsymbol{v}_j$ 是联通的，意即如果 $\boldsymbol{v}_i$ 与 $\boldsymbol{v}_j$ 之间的欧氏距离(Euclidean distance)小于 $2Z$，那么认为它们属于同一类，其中 Z 由下式确定[147]：

$$Z = \|\boldsymbol{v}_i - \boldsymbol{x}_i\| = \sqrt{-\frac{\ln(\sqrt{1-R^2})}{q}} \tag{3.12}$$

求解 Z 的过程如下：

由式(3.2)通过对 $\boldsymbol{a}$ 求导，求导后令导数为 0，此时所求最小闭包球球心

为 $a = \sum_i \beta_i \boldsymbol{\Phi}(\boldsymbol{g}_i)^{[147]}$。

考虑到最小闭包球内部映射点所对应拉格朗日乘子（Lagrange multiplier）$\beta_i = 0$，也就是说，仅有支持向量对球心 a 有贡献，则 $a = \sum_i^{Nsv} \beta_i \boldsymbol{\Phi}(\boldsymbol{v}_i)$；设 $t = \langle \boldsymbol{\Phi}(\boldsymbol{v}_i), a \rangle$，由式(3.5)推得 SV 到球心 a 距离的另一种形式为[147]：

$$R^2(\boldsymbol{v}_i) = \| \boldsymbol{\Phi}(\boldsymbol{v}_i) - a \|^2 = 1 - 2\boldsymbol{\Phi}^{\mathrm{T}}(\boldsymbol{v}_i)a + a^{\mathrm{T}}a \tag{3.13}$$

根据式(3.13)和 $R(\boldsymbol{v}_i) = R$ 可知：$t = \boldsymbol{\Phi}^{\mathrm{T}}(\boldsymbol{v}_i)a$，两边乘以 β_i 则有：$\beta_i t = \beta_i \boldsymbol{\Phi}^{\mathrm{T}}(\boldsymbol{v}_i)a$，因此有 $\sum_{i=1}^{N_{sv}} \beta_i t = \sum_{i=1}^{N_{sv}} \beta_i \boldsymbol{\Phi}^{\mathrm{T}}(\boldsymbol{v}_i)a$，再由式(3.4)约束条件可得到[147]：

$$t = \sum_t^{N_{sv}} \beta_i \boldsymbol{\Phi}^{\mathrm{T}}(\boldsymbol{v}_i)a = a^{\mathrm{T}}a = \| a \|^2 \tag{3.14}$$

即

$$\langle \Phi(\boldsymbol{v}_i), a \rangle = \| a \|^2 = 1 - R^2 \tag{3.15}$$

由上述 $\angle \boldsymbol{\Phi}(\boldsymbol{v}_i)\boldsymbol{O}a = \theta$ 知：

$$\cos \angle \boldsymbol{\Phi}(\boldsymbol{v}_i)\boldsymbol{O}a = \langle \boldsymbol{\Phi}(\boldsymbol{v}_i), a \rangle / \| a \| = \| a \| = \sqrt{1 - R^2} = \cos\theta \tag{3.16}$$

又 $\cos\theta = \cos \angle \boldsymbol{\Phi}(\boldsymbol{x}_i)\boldsymbol{O}\boldsymbol{\Phi}(\boldsymbol{v}_i) = \langle \boldsymbol{\Phi}(\boldsymbol{v}_i), \boldsymbol{\Phi}(\boldsymbol{x}_i) \rangle = \mathrm{e}^{-q\| \boldsymbol{v}_i - \boldsymbol{x}_i \|^2}$，因此[147]

$$Z = \sqrt{-\ln(\cos\theta)/q} = \sqrt{-\ln(\sqrt{1 - R^2})/q} \tag{3.17}$$

3.4.2　修正的锥面簇聚类标识算法

根据以上最小超球面近似覆盖的原理分析，采用锥面聚类标识（CCL，Cone Cluster Labeling）算法[159]进行聚类标识，在降低计算复杂度的同时〔近似复杂度为 $O(NN_{sv})$〕，可以解决应用路径采样方法计算邻接矩阵时可能产生的错误聚类问题[147]。

CCL 算法属于二次分配方法，其基本思想是在特征空间中找出包含支持向量映射 $\boldsymbol{\Phi}(\boldsymbol{v}_i)$ 且覆盖超球体关键部分的锥面，此锥面在数据空间中对应一个超球体，锥面内的数据映射点 $\boldsymbol{\Phi}(\boldsymbol{g}_j)$ 的原像 $\boldsymbol{g}_j$ 位于超球体内部，且这些原像点具有较强的类内聚集性，并满足[160]：$\| \boldsymbol{v}_i - \boldsymbol{g}_j \| \leqslant \| \boldsymbol{v}_i - \boldsymbol{\Phi}^{-1}(a) \|$。超球体的集合形成一个数据空间等值线的近似覆盖。得到数据空间近似覆盖后，先对所有支持向量（SV，Support Vector）进行聚类，再根据近似覆盖将聚为同一类的 SV 所对应的其余数据点聚为一类即可完成后续聚类[160]。

CCL 算法将最优超球面内映射点的原像与异常值不加区分地合并到与距离 SV 最近的类别当中，事实上，异常值的映射点不在支持向量锥面内，因此,将其原像直接合并时会引起误差。

本书对 CCL 算法进行修正,首先将剩余数据点分为两部分,一部分为正常值,其映射点位于最优超球面内,另一部分为异常值,其映射点位于最优超球面外。然后将这两部分数据以不同的方式进行处理。正常值的处理方式与CCL 算法的步骤相同,即计算正常值与 SV 之间的距离 d,将其合并到与 SV距离 d 最小的类中;而将异常值合并到与其距离最小的簇类中。考虑到 SV代表着聚类边界,因此某一类的质心可以用属于此类的 SV 的质心代替,这样处理更能体现此类的空间特征,排除了类中数据分布不均匀所引起的质心位置受到部分数据影响的困扰。因此合并异常值的过程转化为计算异常值与聚类中 SV 的质心距离的问题。

修正后的 CCL 算法(MCCL)如下所述[147]:

步骤 1 首先计算 Z;

步骤 2 计算支持向量对之间的欧氏距离,如果距离小于 $2Z$,则将这两个支持向量归为一类;

步骤 3 重复进行步骤 2 直到所有 SV 完成聚类;

步骤 4 处理剩余数据点:

(1)如果剩余数据点为正常值,则计算正常值 g 与 SV 之间的距离 d,将 g合并到与 SV 距离 d 最小的类中;

(2)如果剩余数据点为异常值,则计算异常值 g' 与步骤 2 已完成聚类的质心之间距离,将 g' 合并到与质心距离 d' 最小的类中;

重复步骤 4 直到完成整个聚类过程。

设正常值数目为 N_{in},异常值数目为 N_{bsv},聚类数目为 c,则 CCL 算法处理剩余数据点的计算复杂度为 $O[(N_{in}+N_{bsv})N_{sv}]$[159],修正后 CCL 算法步骤 3 的计算复杂度为 $O(N_{in}N_{sv}+cN_{bsv})$,因此 MCCL 计算复杂度更低。

3.5 聚类有效性验证

作为聚类分析的一部分,聚类有效性验证的目的在于使得聚类结果更能体现输入数据集自身所固有的模式特点。无监督的聚类评估仅利用现有数据集中的内在信息,因此称其为内部指标[161]。利用内部指标对聚类结果进行验证的原因在于,几乎所有聚类算法都是在不考虑数据集是否可以划分的前提下发现数据集中的簇集,意味着即使数据集中不存在自然可划分的簇结构,聚类算法也会生成一个相对划分,因而需要有效性验证指标对这个划分结果进行评估,判断该划分是否满足需求。一般情况下利用指标极值来判定该划分是否合乎要求。

3.5.1　聚类有效性验证指标分析

Dunn[162]、Davies[163] 和 Chow[164] 等根据不相似性测度的概念各自提出了聚类有效性的验证指标,在分析这些指标前,首先对不相似性测度的定义进行说明。

定义 3.1　设数据集 X,则 X 上的不相似性测度(DM, $Dissimilarity$ $Measure$)d 是一个函数:

$$d: X \times X \rightarrow \mathbf{R} \tag{3.18}$$

其中 $\mathbf{R}$ 是实数集合,使得

$$\exists d_0 \in \mathbf{R}: -\infty < d_0 \leqslant d(x, y) < +\infty, \forall x, y \in X$$
$$d(x, x) = d_0, \forall x \in X \tag{3.19}$$

且

$$d(x, y) = d(y, x), \forall x, y \in X \tag{3.20}$$

此外,如果 $d(x, y)$ 满足以下两个条件,则称 d 为不相似性测度(DM):

$$\left. \begin{aligned} d(x, y) &= d_0 \quad \text{iff} \quad x = y \\ d(x, z) &\leqslant d(x, y) + d(y, x), \forall x, y, z \in X \end{aligned} \right\} \tag{3.21}$$

下面对几种经典有效性指标进行分析。

1. Dunn 指标

Dunn 指标是 Dunn[162] 基于不相似函数的概念提出来的,可按照下述方法定义。

设两个聚类 C_i 和 C_j 之间的不相似函数为

$$d(C_i, C_j) = \min_{x \in C_i, y \in C_j} d(x, y) \tag{3.22}$$

聚类 C 的直径定义为

$$\text{diam}(C) = \max_{x, y \in C} d(x, y) \tag{3.23}$$

即聚类 C 的直径表示两个最远向量之间的距离,diam(C) 可用来测量聚类 C 的分散程度。给定聚类数目 c,则 Dunn 指标可定义为

$$D_c = \min_{i=1,2,\cdots,c} \left\{ \min_{j=i+1,\cdots,c} \left(\frac{d(C_i, C_j)}{\max\limits_{k=1,2,\cdots,c} \text{diam}(C_k)} \right) \right\} \tag{3.24}$$

由式(3.24)可以看出,如果数据集 X 包含有致密且分离很好的聚类,即类间距离 $d(C_i, C_j)$ 普遍较大,而聚类直径 $\text{diam}(C_k)$ 普遍较小,此时 Dunn 指

标将会变得很大。类似的,较大的 Dunn 指标值意味着数据集 X 中存在致密而且分离较好的聚类。有效性指标 D_c 的变化趋势与参数 c 无关,因此,在 D_c 与 c 的关系图中,最大值可以用做指示 X 所隐含的聚类数[162]。

Dunn 指出:如果某个数据集 X 满足 $D_c > 1$,则 X 中包含有致密且分离很好的聚类[162]。但是 Dunn 指标存在两个缺点,一是计算时间长,二是它对数据集中的噪声向量很敏感,其原因在于这些噪声将会不同程度地增大 $\mathrm{diam}(C_k)$ 的数值,从而造成 Dunn 指标对于聚类结果的指示错误。

2. DB 指标

以 s_i 表示聚类 C_i 分散程度的测度,以不相似性测度 $d(C_i, C_j) \equiv d_{ij}$ 表示聚类 C_i 和 C_j 间的不相似性,则 C_i 和 C_j 间的相似性指标 R_{ij} 的定义应该满足以下条件[163]:

(1) $R_{ij} \geqslant 0$;

(2) $R_{ij} = R_{ji}$;

(3) 如果 $s_i = 0, s_j = 0$,那么 $R_{ij} = 0$;

(4) 如果 $s_j > s_k, d_{ij} = d_{ik}$,那么 $R_{ij} > R_{ik}$;

(5) 如果 $s_j = s_k, d_{ij} < d_{ik}$,那么 $R_{ij} > R_{ik}$。

以上几个条件表明,R_{ij} 为非负且对称的。如果两个聚类 C_i 和 C_j 重叠于一点,则 $R_{ij} = 0$。由条件(4)可知,如果聚类 C_i 与聚类 C_j 和 C_k 距离相等,则 C_i 与具有最大分散度的聚类更相似。同样由(5)可知,对于分散程度相等而不相似程度不同的情况,聚类 C_i 更相似于距离其较近的聚类。

设 d_{ij} 满足对称条件,则可简单选取如下式所示的相似性指标 R_{ij}:

$$R_{ij} = \frac{s_i + s_j}{d_{ij}} \tag{3.25}$$

在式(3.25)基础上,可定义 DB 指标为

$$\mathrm{DB}_c = \frac{1}{c} \sum_{i=1}^{c} R_i \tag{3.26}$$

式中 $R_i = \max\limits_{j=1,2,\cdots,c, j \neq i} R_{ij}, i = 1, 2, \cdots, c$。

DB_c 是聚类 C_i 与其最相似聚类之间的平均相似性,考虑到需要聚类之间相似性尽可能最小,因此使 DB_c 最小化的聚类即为所求。反之,DB 值较小意味着数据集中存在致密且分离性比较好的聚类。Davies[163] 指出,DB_c 指标的变化趋势与 c 无关,因此在 DB_c 与 c 的关系图中,寻得 DB_c 最小值即可寻得最好的聚类划分。

在 DB 指标定义中,类间的不相似性 $d(C_i, C_j)$ 定义为[163]

$$d_{ij} = \parallel \boldsymbol{w}_i - \boldsymbol{w}_j \parallel_q = \Big(\sum_{k=1}^{l} \mid w_{ik} - w_{jk} \mid^q \Big)^{1/q} \tag{3.27}$$

同时定义聚类 C_i 的分散程度为

$$s_i = \Big(\frac{1}{n_i} \sum_{x \in C_i} \parallel \boldsymbol{x} - \boldsymbol{w}_i \parallel^r \Big)^{1/r} \tag{3.28}$$

其中，n_i 表示 C_i 中向量的个数。

然而，DB 指标在应用时受到类间不相似性度量和聚类分散程度参数选取的限制，不同应用场合选择不同的参数值就可能会造成不同的聚类划分结果。

3. PS 指标

PS 指标是 Chow 等基于"点对称"思想提出的一种用于验证聚类有效性的非矩阵距离测度。其基本思想如下所述[164]。

设数据集 $\boldsymbol{X}$ 包含 n 个向量（通常为特征向量），即数据集可表示为 $\boldsymbol{X} = \{\boldsymbol{x}_j; j = 1, 2, \cdots, n\}$，又设 $\boldsymbol{v}_i(i = 1, 2, \cdots, c)$ 表示由式(3.29)确定的聚类 C_i 的中心：

$$\boldsymbol{v}_i = \frac{\displaystyle\sum_{j=1}^{n} (u_{ij})^m \boldsymbol{x}_j}{\displaystyle\sum_{i=1}^{n} (u_{ij})^m} \tag{3.29}$$

式中，$u_{ij}(i = 1, 2, \cdots, c, j = 1, 2, \cdots, n)$ 表示第 j 个向量隶属于第 i 个聚类的程度。

另外，定义向量点对称距离 $d_s(\boldsymbol{x}_j, \boldsymbol{v}_i)$ 如下：

$$d_s(\boldsymbol{x}_j, \boldsymbol{v}_i) = \min_{k=1,2,\cdots,n_i, k \neq j} \left\{ \frac{\parallel (\boldsymbol{x}_j - \boldsymbol{v}_i) + (\boldsymbol{x}_k - \boldsymbol{v}_i) \parallel}{\parallel \boldsymbol{x}_j - \boldsymbol{v}_i \parallel + \parallel \boldsymbol{x}_k - \boldsymbol{v}_i \parallel} \right\} \tag{3.30}$$

则聚类有效性验证指标 PS 定义如下：

$$PS(c) = \frac{1}{c} \sum_{i=1}^{c} \left[\frac{1}{n_i} \sum_{j \in C_i} \frac{d_s(\boldsymbol{x}_j, \boldsymbol{v}_i) d_e(\boldsymbol{x}_j, \boldsymbol{v}_i)}{\min\limits_{m,n=1,2,\cdots,c, m \neq n} \{d_e(\boldsymbol{v}_m, \boldsymbol{v}_n)\}} \right] =$$
$$\frac{1}{c} \sum_{i=1}^{c} \left[\frac{1}{n_i} \sum_{j \in C_i} \frac{d_c(\boldsymbol{x}_j, \boldsymbol{v}_i)}{d_{\min}} \right] \tag{3.31}$$

式中，n_i 表示聚类 C_i 中元素（向量）的个数；$d_e(\boldsymbol{x}_j, \boldsymbol{v}_i)$ 表示 $\boldsymbol{x}_j$ 与 $\boldsymbol{v}_i$ 之间的欧氏距离；$d_{\min}$ 表示聚类中心与 $d_c(\boldsymbol{x}_j, \boldsymbol{v}_i)$ 之间的最小欧氏距离。

显然 PS 指标的变化趋势与 c 无关，因此在 $PS(c)$ 与 c 的关系图中，寻得 $PS(c)$ 最小值即可寻得最好的聚类划分。然而，PS 指标在计算时仅考虑特定簇类中特定对称点的数量，从而可能导致距离较远且不属于该簇类的具有对称性的数据点归于此类,造成错误的聚类划分。

3.5.2 相似熵指标

由于雷达信号交织严重,上述有效性指标[162-164]不能很好地指示分选效果,因此,设计一种新的适合复杂雷达信号环境的有效性指标来弥补上述不足[147]。

1.相似熵指标的定义

考虑到同一种雷达辐射源信号具有周期重复性,自相似性较强,而对于不同雷达辐射源信号则相似性较弱,因此,计算同时段雷达信号序列间的相似系数可以确定其相似程度,从而相似系数可定义为[147]

$$S(\boldsymbol{g}_1, \boldsymbol{g}_2) = \frac{\boldsymbol{g}_1^{\mathrm{T}} \boldsymbol{g}_2}{\| \boldsymbol{g}_1 \| \| \boldsymbol{g}_2 \|} \tag{3.32}$$

其中 S 取值范围在 0 和 1 之间,理解为两个样本相似的概率,因此应用信息熵理论可以描述某时段信号样本间相似性与差异性[147]。由此,本书引入了相似熵(SE)作为雷达信号分选有效性验证指标,SE 指标定义为[160]

$$SE = \frac{H_{\mathrm{sep}}(C)}{H_{\mathrm{comp}}(C)} \tag{3.33}$$

其中,$H_{\mathrm{sep}}(C)$ 表示类间相似熵,$H_{\mathrm{comp}}(C)$ 表示类内相似熵,其求解公式如下:

$$\left. \begin{array}{l} H_{\mathrm{sep}}(C) = \sum_{k=1}^{c} \min_{l=1,\cdots,c, l \neq k} \{ H_{lk} \} \\[2mm] H_{\mathrm{comp}}(C) = \frac{1}{c} \sum_{k=1}^{c} H_{kk} \end{array} \right\} \tag{3.34}$$

式中:

$$H_{lk} = -\frac{1}{n_k} \sum_{i=1}^{n_k} S_{l,ki} \log S_{l,ki} \tag{3.35}$$

$$S_{l,ki} = S(\boldsymbol{m}_l, \boldsymbol{g}_{ki}) = \frac{\boldsymbol{m}_l^{\mathrm{T}} \boldsymbol{g}_{ki}}{\| \boldsymbol{m}_l \| \| \boldsymbol{g}_{ki} \|} \tag{3.36}$$

其中,$\boldsymbol{m}_l$ 表示聚类 C_l 中心,$\boldsymbol{g}_{ki}$ 表示聚类 C_k 中第 i 个样本,$S_{l,ki}$ 表示 $\boldsymbol{m}_l$ 与 $\boldsymbol{g}_{ki}$ 之间的相似系数;当 $l=k$ 时,H_{lk} 表示聚类 C_l 类内相似熵,当 $l \neq k$ 时,H_{lk} 表示聚类 C_l 与聚类 C_k 之间相似熵[147]。

聚类后希望类内相似性尽可能大,即类内相似熵 $H_{\mathrm{comp}}(C)$ 尽可能小;类间相似性尽可能小,即类间相似熵 $H_{\mathrm{sep}}(C)$ 尽可能大,因此求使得 SE 最大化的聚类划分便可获得相对较好分选效果,较大的 SE 意味着存在紧密且分离好的聚类[160];调整不同的 q 值运行 MCMSVC 算法可以得到不同的聚类数目 c,c 取值范围为 $2\sim N-1$,因此所求 SE 应满足[160]:

$$\mathrm{SE}=\max\{\mathrm{SE}_c,2\leqslant c\leqslant N-1\} \tag{3.37}$$

2. 基于相似熵指标的聚类参数调整

在 SVC 算法中,随着参数 q 的增加,聚类边界随之紧凑,从而导致聚类数目增多。因此,可以先取较小的 q 初始值来运行程序,此时不需要处理 BSVs,可令惩罚因子 $C=1$[147];然后启发式增大 q 值,此时如果 SVs 数目急剧增多或者聚类结果中包含单样本向量形成的聚类,则说明存在 BSVs,BSVs 极大地影响聚类结果的正确性[147,151],此时可以逐渐减小 C 值以平滑聚类边界,最终达到正确聚类分选雷达信号的目的[147]。

应用 SE 调整聚类参数的算法如下[147]:

步骤 1　首先令惩罚因子 $C=1$;

步骤 2　根据 $q=1/\max_{ij}\|\boldsymbol{g}_i-\boldsymbol{g}_j\|^2$ 计算出初始 q 值[147];

步骤 3　根据参数 q 运行 SVC 算法,得到一个中间聚类结果[147];

步骤 4　判断步骤 3 产生的结果中,SVs 数目是否急剧增多或者是否包含单样本向量形成聚类,若条件为真则启发式减小 C 并转到步骤 3,否则转到步骤 5;

步骤 5　根据 MCCL 算法,对步骤 3 聚类结果中的异常值进行处理,并由处理后的聚类结果计算 SE 值;

步骤 6　如果 SE 值为最大值,则转到步骤 7,否则启发式增大 q 并转到步骤 3;

步骤 7　确定最终聚类分选参数 q 和 C,并根据最终参数运行聚类算法,得到聚类结果。

3. 基于相似熵指标的聚类动态库调整

在雷达信号分选的过程中,要对新分选出的信号类别与聚类动态库中已有信号类别进行比较判断,以确定新分选出的信号是否与现有信号类别是否属于同一类别。本书采取下述方法解决此问题[160]。设得到的新聚类集合为 $U'=\{C_l,l=1,2,\cdots,c'\}$,原聚类动态库中的聚类集合为 $U=\{C_k,k=1,2,\cdots,c\}$,则更新雷达信号聚类动态库算法如下所述:

步骤 1　初始化 $l=1$;

步骤 2　根据公式(3.35)计算新类 C_l 与聚类集合 U 之间相似熵,得到相似熵集合 $\{H_{lk},k=1,2,\cdots,c\}$[160];

步骤 3　将 H_{lk} 按照升序排列,得到 $H_{lt_1}<H_{lt_2}<\cdots<H_{lt_p}<\cdots<H_{lt_c}$,

$\{t_1, t_2, \cdots, t_p, \cdots, t_c\}$ 为 k 的一个排列[160];

步骤 4 初始化 $p=1$；

步骤 5 首先计算集合 U 的相似熵指标 SE_{old}，然后将新类 C_l 与旧类 C_{t_p} 合并形成类 C'_{t_p}，用 C'_{t_p} 替换集合 U 中的聚类 C_{t_p}，再次计算替换 C_{t_p} 后的集合 U 的相似熵指标 SE_{new}，如果 $SE_{new} \geqslant SE_{old}$，则确认合并，并转到步骤6；否则撤销合并判断：如果 $p < c$，则令 $p = p+1$，并重复步骤5；否则将新类 C_k 加入集合 U 并令 $c = c+1$[160]；

步骤 6 如果所有新类处理完毕，程序终止，否则，令 $l = l+1$ 并转到步骤2[160]。

3.6 联合 MCMSVC 和相似熵指标的分选方法

由 3.4.2 节的分析可知，相对其他聚类标识算法，MCCL 对聚类后的数据进行聚类标识时计算复杂度较低，它的预处理，即计算 Z 值的复杂度仅为 $O(1)$。因此将 MCCL 应用于雷达信号分选时可以提高分选系统的实时性。考虑到 SE 指标可以很好表达聚类的有效性以及 MCCL 算法能够有效降低计算复杂度的特性，本章提出了基于 MCCL 的支持向量聚类（SVC）算法（MCMSVC算法）联合 SE 指标的雷达信号分选方法，称其为 SE-MSVC 分选方法，其流程图如图 3.2 所示。

利用 SE-MSVC 方法进行信号分选的具体步骤如下所述：

（1）选择特征向量 $\boldsymbol{G}$ 中的若干特征，并分段提取这些特征所对应的样本数据；

（2）对 $\boldsymbol{G}$ 归一化后进行 MCMSVC 预分选并根据 SE 指标调整聚类参数；

（3）根据最佳参数对 $\boldsymbol{G}$ 所表示信号流进行最终聚类分选，并再次应用 SE 指标对分选结果进行处理，更新雷达信号聚类动态库。

3.7 仿真实验与分析

3.7.1 实验一

为验证 SE-MSVC 分选方法的有效性，本章仿真产生一系列雷达脉冲数据并对其进行预处理，预处理后实验数据见表 3.1[147]。本章利用载频 RF、脉宽 PW 和到达角 DOA 组成特征向量用以实验，并将 DB、Dunn 和 PS 指标与提出的 SE 指标进行了比较,聚类有效性指示情况如表 3.2 所示,其中 data1、data2 和 data3 数据集为雷达脉冲数据子集[147],依次取脉冲数据集 180 个样本,其中 data1、data2 和 data3 的正确类别数目分别为 2,4 和 4。

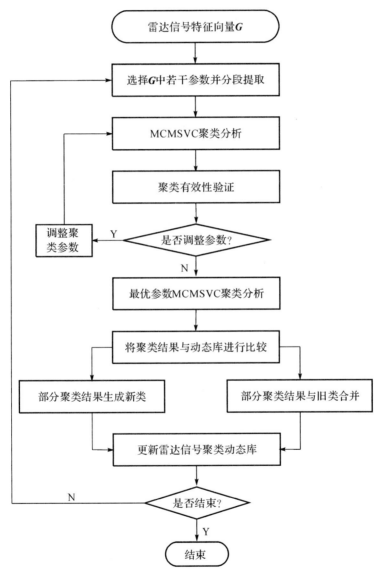

图 3.2　SE – MSVC 雷达信号分选流程图

表 3.1 雷达脉冲信号参数表

雷达序号	PRI/μs		RF/MHz		PW/μs	DOA/(°)	脉冲数/个
	类型	范围	类型	范围			
1	重频抖动	1 724~1 923	单脉冲捷变	2 400~2 550	1.15~1.25	28~40	1 988
2	三参差	1 000~1 250	12频点跳变	2 550~2 650	1.15~1.2	48~60	3 264
3	重频抖动	1 190~1 315	单脉冲捷变	2 855~3 050	1.25~1.35	35~45	2 891
4	五参差	1 665~2 000	单脉冲捷变	3 050~3 150	0.95~1.05	40~60	1 973

表 3.2 不同有效性指标指示最佳聚类数和最佳 q 值对比结果[160]

脉冲数据集	聚类参数		有效性指标			
	q	c	DB	Dunn	PS	SE
data1 2类	220	2	0.157	1.010	0.001	3.014
	310	3	0.431	1.014	0.010	0.706
	330	4	0.385	0.657	0.035	0.014
	345	5	0.743	0.033	0.019	0.170
	346	6	0.654	0.033	0.021	0.140
data2 4类	6	2	0.654	0.222	0.022	1.778
	11	3	0.126	0.170	0.007	0.707
	41	4	0.131	0.177	0.005	1.948
	110	5	0.176	0.183	0.007	0.665
	130	6	0.384	0.119	0.022	0.431
data3 4类	0.8	2	0.107	0.005	0.064	0.524
	16	3	1.382	0.144	0.010	1.279
	66	4	0.285	0.204	0.003	1.388
	100	5	0.269	0.027	0.002	0.723
	140	6	0.570	0.022	0.029	0.324

注：表3.2中的 q 为核函数宽度，c 对应不同 q 值运行SVC算法得到的聚类数。

　　表 3.2 反映了 DB、Dunn、PS 和 SE 指标分别确定 data1、data2 和 data3 数据集最佳聚类数目的结果。由于 DB 指标取最小值[163]，Dunn 指标取最大值[162]，PS 指标取最小值时[164]，采用的聚类算法可以得到最佳聚类数目，又提出的 SE 指标取最大值时聚类算法可以得到最佳的聚类数目，因此可以得出以下结论：

　　(1)数据集 data1 中包含 2 类辐射源信号，SE 指标取最大值 3.014 时所对应的分选结果是 2 类信号源[160]，而 Dunn 指标取最大值 1.014 时对应 3 类信号源；

　　(2)数据集 data2 中包含 4 类辐射源信号，SE 指标取最大值 1.948 时对应 4 类，而 DB 指标取最小值 0.126 时对应 3 类，Dunn 指标取最大值 0.222 时对应 2 类；

　　(3)数据集 data3 中包含 4 类辐射源信号，SE 指标取最大值 1.388 时对应 4 类，而 DB 指标取最小值 0.107 对应 2 类，PS 指标取最小值 0.002 时对应 5 类。

　　由以上分析可知，DB、Dunn 和 PS 指标不能较好处理结构复杂的数据集，因此始终不能得到令人满意的聚类结果，而 SE 指标在数据集正确类别数目上表现出了尖锐的峰值趋势，正确体现了数据集最佳的类别数目，可以对密集复杂的雷达信号脉冲流进行有效的分选，与理论分析的结果相符。

　　表 3.3 和表 3.4 分别列出了 SE 指标指导下 MCCL 与 CG、SVG、PG、GD 和 CCL 聚类标识算法进行雷达信号分选时的正确率和消耗时间的对比情况。其中，正确率＝(总脉冲数－漏选脉冲－错选脉冲)/总脉冲数×100%[160]。最坏情况下复杂度是指不存在 BSVs 情形下的复杂度。

表 3.3　SE 指标指导下应用不同聚类标识算法时的正确率

聚类标识算法	CG	SVG	PG	GD	CCL	MCCL
总脉冲数	10 116	10 116	10 116	10 116	10 116	10 116
漏选脉冲数	32	32	32	32	0	0
错选脉冲数	77	77	177	181	109	80
正确分选脉冲数	10 007	10 007	9 907	9 903	10 007	10 036
正确率/(%)	98.92	98.92	97.93	97.89	98.92	99.21
总执行时间/s	87.741	72.931	41.514	144.327	6.013	5.725

注：表中数值为 20 次分选结果的统计平均。

表 3.4   SE 指标指导下应用不同聚类标识算法的执行时间[160]

聚类标识算法	最坏情况下复杂度	总执行时间/s
CG	$O(mN^2N_{sv})$	87.741
SVG	$O(mNN_{sv}^2)$	72.931
PG	$O(N^2+mNN_{sv})$	41.514
GD	$O(mN^2(k+N_{sv}))$	144.327
CCL	$O(NN_{sv})$	6.013
MCCL	$O(NN_{sv})$	5.725

注:k 表示 GD 算法收敛到稳定平衡点需要的迭代次数,m 表示路径采样点数,一般取 10～20,N_{sv} 表示支持向量数目[160]。

由表 3.3 可以看出,MCCL 算法进一步处理了异常值,使得应用该算法分选雷达信号时漏选脉冲数为 0,同时,与 PG 和 GD 算法相比较,该算法错选的脉冲数较少;与 CG 和 SVG 算法相比较,该算法错选的脉冲数平均多出少许。但是与这 4 种算法相比,MCCL 算法总体性能到了改善。另一方面,由表 3.4 可以看出,应用 MCCL 算法进行聚类标识较其他算法较大提高了运算效率,与文献[139]等采用的经典 CG 聚类标识算法相比,本章算法的消耗时间仅为 CG 算法的 6.5% 左右。

3.7.2   实验二

上述实验验证了 SE - MSVC 算法的有效性和高效性,但是,随着雷达体制更趋于复杂化,脉间参数的交叠变得更加严重,聚类边界更是普遍交叉,这些因素导致了参数之间可分性能的恶化。在这种情形下,即使具有优良性能的 SE - MSVC 聚类算法也不能很好地完成聚类分选的任务,下面的实验说明了这一状况。首先构造新的脉冲流,新的参数见表 3.5[4]。

由表 3.5 可知,待分选的 6 部雷达具有较为复杂的 PRI 调制规律,RF 属于相同频段且相互交叉,PW 也可实现捷变,而 DOA 则限制于较窄的空域中,这些因素都造成了脉间参数的空间交叠严重。另外,在本实验中考虑以下测量误差对参数的影响[4]:

(1)以高斯随机变量模拟 TOA、RF、PW 和 DOA 的测量误差,其典型信噪比环境下(设 SNR=15 dB)的值分别取 $\delta_{TOA}=0.05\ \mu s$,$\delta_{RF}=3\ MHz$,$\delta_{PW}=\sqrt{2}\delta_{TOA}$ 和 $\delta_{DOA}=5°$;

表 3.5　雷达脉冲信号参数表

雷达编号	PRI/μs	RF/MHz	PW/μs	DOA/(°)
Rd1	200～330 重频滑变	3 200～3 400 单脉冲捷变	15 固定	35
Rd2	550/680/850 三参差	3 000～3 300 三脉冲跳频， 12 频点	10～20 捷变	43
Rd3	780 重频抖动 抖动量为 15%	2 850～3 150 三脉冲捷变	32 固定	51
Rd4	250～450 重频捷变(与 RF 同步)	2 900～3 100 三脉冲脉组捷变	10 固定	59
Rd5	960/1 050/1 160/1 290/ 1 440/1 610 六参差	3 250～3 550 单脉冲捷变	20～32 捷变	67
Rd6	900 重频抖动 抖动量为 15%	3 300～3 500 双脉冲捷变	25 固定	75

（2）按照 TOA 顺序将各辐射源的 PDW 序列混合后，按下式进行脉冲丢失：

$$\text{TOA}_{i-1} + \text{PW}_{i-1} + t_p \leqslant \text{TOA}_i, \quad i = 2,3,\cdots,N \quad (3.38)$$

式中，t_p 为接收机截获脉冲的处理时间，典型值为 1 μs。

一次典型实验共生成表 3.5 中的 6 部雷达脉冲共 9 448 个，其丢失脉冲和剩余脉冲的详情见表 3.6。表 3.7 列出了基于 K-means[124,149,150] 和 SE-MSVC 的多参聚类分选结果，为降低聚类中心对 K-means 聚类算法的影响，表中结果取 20 次分选结果的统计平均，n_i 表示第 i 类辐射源信号的实际脉冲数。

表 3.6　仿真产生脉冲的丢失情况

辐射源	Rd1	Rd2	Rd3	Rd4	Rd5	Rd6	总数	丢失率
生成脉冲	3 031	1 177	1 283	2 223	622	1 112	9 448	10.50%
剩余脉冲	2 709	1 054	1 151	1 986	560	9 96	8 456	

表 3.7 基于 K‑means 和 SE‑MSVC 的多参聚类分选结果

分选方法	分选效果	Rd1 $n_1 = 2\,709$	Rd2 $n_2 = 1\,054$	Rd3 $n_3 = 1\,151$	Rd4 $n_4 = 1\,986$	Rd5 $n_5 = 560$	Rd6 $n_6 = 996$
K‑means	正确分选数	2 369	586	661	1 079	318	996
	误选脉冲数	340	468	490	907	242	0
	总分选正确率	67.81%					
SE‑MSVC	正确分选数	2 464	564	1 151	1 986	247	820
	误选脉冲数	245	490	0	0	313	176
	总分选正确率	85.53%					

由表 3.7 可以看出,在脉间参数交叠更加严重的情况下,SE‑MSVC 仍然取得了相对于 K‑means 聚类算法较好的分选性能。但与表 3.3 相比,利用表 3.5 中的参数进行分选时,其性能明显下降。这说明,随着复杂体制雷达的增多,脉间参数的可分性急剧降低,即使利用性能较好的分选算法也不能取得令人满意的结果。

进一步,在实际电子战环境中,往往有较多的交叠脉冲流都来源于同一方向,使得分选参数 DOA 基本失效,此时利用 SE‑MSVC 分选方法对载频 RF 和脉宽 PW 表征的脉冲流进行分选仍能取得一定分选效果,但分选性能有所降低,其原因在于 SE‑MSVC 聚类分选方法之所以能够利用 RF、PW 和 DOA 三个参数对交叠脉冲流进行聚类分离,一方面是因为该方法能够形成任意形状的聚类边界,将可以利用的信号特征进行提取并放大,从而形成可靠的聚类簇;另一方面是因为上述三个参数所构成特征空间的可分性要好于 RF‑PW 特征空间,而来于同一方向脉冲流的 DOA 参数已不能构成有效的分选参数,在 RF 和 PW 两个参数严重交叠的情况下,其分选性能必然降低,本书第 7 章对这一状况进行了详细说明。

3.8 本 章 小 结

针对复杂体制雷达辐射源信号特征分布形式复杂、簇类边界难以确定的问题,提出了一种联合支持向量聚类(SVC)和相似熵(SE)指标的雷达辐射源信号分选方法。该方法首先利用 SVC 算法将数据空间中的聚类分选问题转换到特征空间,通过非线性映射增加数据点线性可分的概率;然后利用修正锥面聚类标识(MCCL)方法完成聚类标识。与目前大多数基于路径采样的聚类标识方法不同,MCCL 根据近似覆盖的原理,将特征空间包含支持向量的近似覆盖映射到数据空间,在数据空间中进行聚类标识,具有较低的计算复杂度;最后根据提出的相似熵(SE)指标验证聚类分选的有效性,将 SE 指标极值点所对应的聚类划分视为最佳聚类效果。仿真结果表明,该方法能够有效降低计算复杂度,减少信号分选过程中的消耗时间,同时也提高了分选正确率。

书中仿真产生了两组交叠程度不同的交织脉冲流并用于实验,结果证明了聚类分选效果不仅与分选算法的性能有关,而且与参数间的可分程度有关。在参数交叠严重甚至不可分的情形下,即使具有优良性能的聚类算法也不能完成有效的分选。因此首先需要对分选所需用的参数进行扩展,提取出新的脉内特征,才能利用有效的分选方法分离交织脉冲流,这正是本书第 4 章和第 5 章所要研究的内容。

第4章 雷达辐射源信号熵特征提取

4.1 引 言

当前,为解决现代电子对抗环境下的雷达信号分选问题,结合雷达信号脉内特征提取的分选方法成为研究的热点。该方法通过分析雷达信号脉内数据,研究脉内有意调制特征和无意调制特征,利用短时观测数据构造新的雷达辐射源信号分选模型,扩展参数空间,减少多参数空间的交叠概率,实现快速、准确的分选识别信号。

Devijver 等[165]将广义特征提取定义为,从原始数据中提取出分类最相关的信息(或特征),提出的信息应当具有最小化类内和增强类间模式可变性的性质。对于脉内特征提取来讲,就是从脉内数据中提取最具有类内聚集性和类间分离性的特征,使信号之间的特征区分明显,从而为分选识别雷达信号做准备。考虑到雷达信号包络受噪声、多径干扰等的影响较大,同时,特征提取法适用范围不同,因此需要找到合适的特征提取算法对其分析,才能较好分选识别辐射源。正如第1章所指出的,近年来,许多新的脉内特征提取技术相继被提出,例如小波分析法[61-71]、时频分析法[78-81]、原子分解法[72-76]和高阶统计分析方法[110,111]等。但是,这些方法都存在一定的不足,例如文献[69]中采用的小波变换方法提取的特征仅适合少数信号,应用局限性大,同时提取的特征数目较多,造成时间开销较大;文献[79]用 Choi - Williams 分布提取制特征向量,但是该分布仍然保留了横轴和纵轴上的交叉项,对信号调制识别仍然有影响;文献[74]中利用改进量子遗传算法进行匹配追踪以实现最佳原子的快速匹配,但是直接应用这些原子进行识别时其维数相当高,造成的计算量也是巨大的。而基于熵特征的辐射源信号特征提取方法在一定程度上弥补了上述方法的不足,文献[97]中将近似熵,范数熵构成特征向量并利用神经网络分类器进行分类识别,取得了较好的识别效果。

本章在研究熵特征的基础上,对常规五参数之外的新特征参数进行补充,提出将样本熵,模糊熵和归一化能量熵作为辐射源信号的特征向量,利用这3种熵参数分别描述辐射源信号的复杂性,不确定度以及能量的分布情况。对

这 3 种脉内特征提取方法的原理,算法和抗噪性能进行描述,之后利用 SVM
对典型信号进行分类识别实验,以验证提取出的 3 种新特征的有效性。

4.2　雷达辐射源信号模型

本章以脉冲雷达信号为基础,初步建立了一个用于信号分选和识别的雷
达信号数学模型。设侦察接收机的接收信号为[166]

$$X(t) = S_t(t) + N_t(t) \tag{4.1}$$

其中,$N_t(t)$ 表示均值为 0,方差为 σ^2 的平稳白高斯噪声过程;$S_t(t)$ 为雷达信
号,可由下式描述:

$$S_t(t) = A_0 + \varepsilon(t)\exp[\mathrm{j}(2\pi f_c t + \varphi_0)]v(t) \tag{4.2}$$

式中,A_0 为等幅高频信号振幅;$\varepsilon(t)$ 为叠加于 A_0 上的幅度变化;f_c 为高频载
波频率;φ_0 为信号初始相位;$v(t)$ 为复调制函数,它是 N_p 个宽度为 T_p 的矩形
脉冲构成的脉冲串。$v(t)$ 可表示为

$$v(t) = \sum_{k=0}^{N_p-1} R_{\mathrm{ect}}\left(\frac{t-kT_r}{T_p}\right)\mu(t-kT_r)\exp(2\mathrm{j}\pi f_k t) \tag{4.3}$$

式中,f_k 为第 k 个脉冲的频率增量,若不存在脉间跳变频或捷变频,则 f_k 为
0。T_r 为脉冲重复周期(PRI),矩形函数 $R_{\mathrm{ect}}(t)$ 定义为

$$R_{\mathrm{ect}}(t) = \begin{cases} 1, & t \in (0, T_p) \\ 0, & \text{其他} \end{cases} \tag{4.4}$$

式中,$\mu(t)$ 为脉内调制,对于不同的脉内调制信号,具有不同的描述形式。

(1) 对于常规信号(CW),有

$$\mu(t) = 1, \quad 0 \leqslant t \leqslant T_p \tag{4.5}$$

(2) 对于线性调频信号(LFM),有

$$\mu(t) = \exp\left(\frac{1}{2}\mathrm{j}bt^2\right), \quad 0 \leqslant t \leqslant T_p \tag{4.6}$$

式中,b 为线性调频斜率,$b = 2\pi B/T_p$,B 为调频带宽。

(3) 对于二相编码信号(BPSK),有

$$\mu(t) = \exp(\mathrm{j}\pi d_2(t)), \quad 0 \leqslant t \leqslant T_p \tag{4.7}$$

式中,$d_2(t)$ 为一个二元编码信号,其码元宽度为 T_c,取值为 $\{0,1\}$,码长
$N_c = T_p/T_c$。

(4) 对于四相编码信号(QPSK),有

$$\mu(t) = \exp(\mathrm{j}\pi d_4(t)), \quad 0 \leqslant t \leqslant T_p \tag{4.8}$$

式中，$d_4(t)$ 为一个四元编码信号，其码元宽度为 T_c，取值为 $\{0,1,2,3\}$，码长 $N_c = T_p/T_c$。

（5）非线调频信号（NLFM）是指脉内频率调制函数是非线性函数的一类信号。以正弦调频信号为例，则有

$$\mu(t) = \exp\left\{ j\left[2\pi ft + \frac{1}{2}BT_p \sin\left(\frac{2\pi t}{T_p}\right) \right] \right\}, \quad 0 \leqslant t \leqslant T_p \tag{4.9}$$

（6）频率编码信号（FSK）信号的主要特点是脉内各子码具有不同的频率，且可随意配合采用相位调制，其脉内调制函数为

$$\mu(t) = \exp(j\pi d_n(t))\exp(j2\pi f_m t), \quad 0 \leqslant t \leqslant T_p \tag{4.10}$$

式中，$d_n(t)$ 表示相位调制；f_m 表示不同调制频率 $f_c = \{f_1, f_2, \cdots, f_m\}$；$m$ 表示频率个数。

以 BPSK 为例，设其两个频率为 f_1 和 f_2，所对应的码元分别为 0 和 1，则有

$$\mu(t) = \exp(j\pi d_n(t))\exp(j2\pi f_m t) = $$
$$\begin{cases} \exp(\pi \times 0)\exp(j2\pi f_1 t), & m = 1 \\ \exp(\pi \times 1)\exp(j2\pi f_2 t), & m = 2 \end{cases} \tag{4.11}$$

在验证熵特征的抗噪性能而对原始样本数据加入高斯白噪声时，信噪比利用下式进行定义：

$$\mathrm{SNR} = 10 \lg \frac{\sum\limits_{i=1}^{N} |x(i)|^2}{\sum\limits_{i=1}^{N} |n(i)|^2} \tag{4.12}$$

式中，$x(i)$ 和 $n(i)$ 分别表示式（4.1）中 $S_t(t)$ 和 $N_t(t)$ 的离散序列，另外，本书后续章节中信号所加噪声同样利用该定义产生。

后文仿真数据以上述信号模型为基础，同时为了避免提取的特征受到辐射源信号载频以及噪声等的影响，需要对个体脉冲数据进行进一步的预处理，主要包括以下几个步骤[97]：

（1）将脉冲数据变换到频域，并截取对称幅频谱的中心点以右部分，记为 $f(i)$，$i = 1,2,\cdots,M$，M 为脉冲数据长度的 1/2。

（2）根据公式（4.13）将信号 $f(i)$ 能量归一化：

$$f'(i) = \frac{f(i)}{\sqrt{\dfrac{\left(\sum\limits_{i=1}^{M} f^*(i)f(i)\right)}{M}}} \tag{4.13}$$

式中，$\{f'(i)\}$ 表示能量归一化后的信号序列；$f^*(i)$ 表示 $f(i)$ 的复共轭。

（3）求出能量归一化后信号 $f'(i)$ 的中心频率和有效带宽，并对带宽进行归一化处理。

（4）采样频率一定的情况下，不同脉宽的脉冲数据其信号长度是不同的，为了避免这种不同长度信号对后文提取特征的影响，对所有带宽归一化处理后的信号进行重采样，并记重采样后的信号为 $x(n),n=1,2,\cdots,N,N$ 为重采样后信号长度。

样本熵和模糊熵特征提取算法都是针对重采样后的信号 $x(n)$ 进行的。

4.3　雷达辐射源信号熵特征提取方法

熵在信息论中表示信源的平均不确定度，由于噪声干扰以及不同调制方式的影响，辐射源信号包含了一定的不确定性，这种不确定性主要表现为信号时域波形的差别，频谱形状的不同和能量分布的差异等，这些不确定性或者模糊性都可以用熵来衡量。本章从辐射源信号中分别提取出样本熵、模糊熵和归一化能量熵三种参数组成特征向量用来进行辐射源信号的分类识别。

4.3.1　样本熵特征提取及性能分析

近似熵是一种衡量时间序列复杂性的统计学参数，它仅需要较短数据就可度量出信号中产生新模式的概率，抗干扰能力较好[101]，但是该方法存在信号自匹配而带来的估计偏差问题。文献[102]提出以样本熵（SampEn）作为时间序列的统计参数，该参数具有与近似熵相同的物理意义和优点，解决了估计偏差和对微小的复杂性变化不灵敏的问题。因此，本章将样本熵作为辐射源信号的一个特征参数，在利用该特征可以有效抑制噪声的同时，也避免了估计偏差问题对辐射源信号分类识别的影响。

记重采样后的 N 点信号序列为 $\boldsymbol{x}(n)=[x_1,x_2,\cdots,x_N]$，则近似熵估计算法如下所述[97]：

步骤 1　按照下式对序列 $x(n)$ 构造 m 维矢量：

$$\boldsymbol{x}(i)=[x_i \quad x_{i+1} \quad \cdots \quad x_{i+m-1}], \quad i=1,2,\cdots,N-m+1 \quad (4.14)$$

步骤 2　按照下式计算矢量对之间的距离：

$$d_m[\boldsymbol{x}(i),\boldsymbol{x}(j)]=\max_{k=0,\cdots,m-1}[|x_{i+k}-x_{j+k}|] \quad (4.15)$$

步骤 3　计算相似矢量对的数目：

（1）令 $n_m=0$，如果 $d_m[\boldsymbol{x}(i),\boldsymbol{x}(j)]\leqslant r$，则 $n_m=n_m+1$；

（2）令 $n_{m+1}=0$，如果 $d_{m+1}[\boldsymbol{x}(i),\boldsymbol{x}(j)]\leqslant r$，则 $n_{m+1}=n_{m+1}+1$。

步骤 4 按照下式计算所有相似矢量对的相似测度：

$$C_i^m(r,N) = \frac{1}{N-m+1}n_m$$

$$C_i^{m+1}(r,N) = \frac{1}{N-m+1}n_{m+1}, i=1,2,\cdots,N-m+1 \tag{4.16}$$

步骤 5 然后按照下式计算相似矢量对的平均相似测度：

$$\left.\begin{array}{l} \phi^m(r,N) = \dfrac{1}{N-m+1}\displaystyle\sum_{i=1}^{N-m+1} C_i^m(r,N), \\[3mm] \phi^{m+1}(r,N) = \dfrac{1}{N-m+1}\displaystyle\sum_{i=1}^{N-m+1} C_i^{m+1}(r,N), \\[3mm] i=1,2,\cdots,N-m+1 \end{array}\right\} \tag{4.17}$$

步骤 6 最后得到信号的近似熵：

$$A_e(r,N) = \phi^m(r,N) - \phi^{m+1}(r,N) \tag{4.18}$$

取尺度参数 $m=2$ 和容限参数 $r=0.15\sigma$ 作为估算近似熵（ApEn）的参数[97]，σ 为 $x(n)$ 的标准差。

SampEn 与 ApEn 的不同之处主要体现在两点：①SampEn 对于自匹配的矢量对不计数，即在计算 $d_m[\boldsymbol{x}(i),\boldsymbol{x}(j)]$ 时不考虑 $i=j$ 的情形；②SampEn 没有采用智能模板（template-wise）的方法。

计算 SampEn 时，前 2 个步骤与 SampEn 估计算法相同，步骤 3 与近似熵的不同之处在于，SampEn 估计的步骤 3 中存在限制条件 $i \neq j$，则 SampEn 的估计算法如下所述：

步骤 1 按照式（4.14）对序列 $x(n)$ 构造 m 维矢量；

步骤 2 按照式（4.15）计算矢量对之间的距离；

步骤 3 计算相似矢量对的数目：

(1) 令 $n_m=0$，如果 $d_m[\boldsymbol{x}(i),\boldsymbol{x}(j)] \leqslant r, i \neq j$，则 $n_m=n_m+1$；

(2) 令 $n_{m+1}=0$，如果 $d_{m+1}[\boldsymbol{x}(i),\boldsymbol{x}(j)] \leqslant r, i \neq j$，则 $n_{m+1}=n_{m+1}+1$。

步骤 4 按照下式计算所有相似矢量对的相似测度：

$$\left.\begin{array}{l} B_i^m(r,N) = \dfrac{1}{N-m-1}n_m, \\[3mm] A_i^m(r,N) = \dfrac{1}{N-m-1}n_{m+1}, \end{array}\right\} \quad i=1,2,\cdots,N-m \tag{4.19}$$

步骤 5 按照下式计算相似矢量对的平均相似测度：

$$B^m(r,N)=\frac{1}{N-m}\sum_{i=1}^{N-m}B_i^m(r,N) \left.\begin{matrix} \\ \\ \\ \\ \end{matrix}\right\}$$

$$A^m(r,N)=\frac{1}{N-m}\sum_{i=1}^{N-m}A_i^m(r,N)$$

(4.20)

步骤 6　按照下式计算样本熵估计：

$$S_e(m,r)=-\ln\frac{A^m(r,N)}{B^m(r,N)} \tag{4.21}$$

事实上，$S_e(m,r)=\lim_{N\to\infty}\left[-\ln A^m(r,N)/B^m(r,N)\right]$，此处用式（4.21）对其进行估计。同时，本章采用尺度参数 $m=2$ 和容限参数 $r=0.2\sqrt{2}\sigma$ 作为估算样本熵的参数，σ 为 $x(n)$ 的标准差。

选取如以下式所示信号进行实验，以说明样本熵特征的抗噪性能和相对近似熵的优良性。

$$f(t)=3\sin(30\pi t)+\sin(150\pi t)+5\cos(21.6\pi t) \tag{4.22}$$

采样频率取 1 000 Hz，时间 $t\in(0,1]$。信号 $f(t)$ 经幅值归一化后的曲线如图 4.1 所示，信噪比从 0 dB 变化到 25 dB，图 4.2 给出了样本熵和近似熵随信噪比变化的曲线，表 4.1 给出了样本熵和近似熵均值和方差的比较情况。

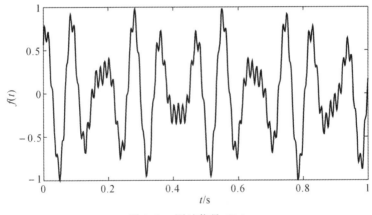

图 4.1　测试信号 $f(t)$

由图 4.2 可以看出，当信噪比大于 8 dB 时，样本熵特征变化很小，基本上保持稳定，当信噪比从 3 dB 增大到 7 dB 时，样本熵特征随信噪比增大而减小，但变化的幅度不大，当信噪比再降低时，样本熵特征就迅速发生变化，表明样本熵特征具有一定的抗噪能力。同时，图中曲线趋势表明样本熵较近似熵变化平缓。

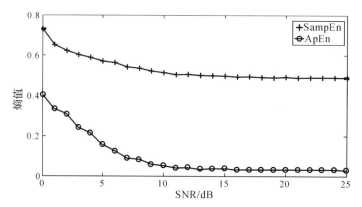

图 4.2 样本熵与近似熵特征随信噪比的变化关系

表 4.1 测试信号样本熵和近似熵的均值与方差

测试信号	样本熵		近似熵	
	均值	方差	均值	方差
	0.534 0	3.8×10^{-3}	0.098 6	1.19×10^{-2}

由表 4.1 可以看出,样本熵特征的方差较近似熵小 1 个数量级,说明样本熵较近似熵特征更稳定,即信噪比变化对样本熵特征的影响更小。

4.3.2 模糊熵特征提取及性能分析

熵在信息论中表示信源的平均不确定度,在模糊子集论中可以用来度量一个模糊集合所含模糊性的大小,因此可用模糊熵(FzzyEn)来表示模糊集的不确定度。

设 U 表示有限论域 $U = \{x_1, x_2, \cdots, x_n\}$,$U$ 上的所有模糊集的集合记作 $F(U)$,U 上的所有分明集的集合记作 $P(U)$。对于 $A \in F(U)$,$\mu_A(x)$ 表示模糊集 A 在点 x 处的隶属度,A 的补集记作 A^c,即 $\forall x \in U, \mu_{A^c}(x) = c(\mu_A(x))$。此处函数 c 为广义补函数,使用较为广泛的补函数为 $c(x) = 1 - x$。A 的分明修改(尖锐化)记作 A^*,其定义为当 $\mu_A(x) \geqslant 1/2$ 时,$\mu_{A^*}(x) \geqslant \mu_A(x)$;当 $\mu_A(x) \leqslant 1/2$ 时,$\mu_{A^*}(x) \leqslant \mu_A(x)$。$A = [m]$ 表示 $\forall x \in U, \mu_A(x) = m$[167]。

若 $A \in P(U)$,当 $x \in A$ 或 $\notin A$ 时,元素 x 属于或不属于分明集合,则显然分明集的模糊度应为 0;若 $A \in F(U)$,当 $A = [1/2]$ 时,元素 x 是否属于集

合 A 的状态最难确定,则此时的模糊度应最大;直观上看,模糊集 A 与 A^c 距 $[1/2]$ 的远近程度是相同的,即要求 A 与 A^c 的模糊程度一样;此外,模糊集 A 的模糊性应具有单调变化的性质,即与 $[1/2]$ 越接近,A 的模糊性越大,越偏离 $[1/2]$,A 的模糊性越小。基于以上分析,模糊熵的一般定义如下[168]:

定义 4.1　模糊熵 F_e 是 $F(U)$ 到 $\mathbf{R}^+ = [0, +\infty)$ 上的映射,其满足以下 4 个条件:

(1) $F_e(A) = 0$, iff　$A \in P(U)$;

(2) $F_e(A) = \max_{A \in F} F_e(A)$, iff　$A = [1/2]$;

(3) 若 A^* 为 A 的分明修改,则 $F_e(A^*) \leqslant F_e(A)$;

(4) $\forall A \in F(U)$, $F_e(A^c) = F_e(A)$。

其中,iff 表示"当且仅当"。

定义 4.1 所描述的关于模糊熵公理化的定义已被广泛采用,同时成为定义一些新的模糊熵的准则。下面几个相关模糊熵的定义皆是基于上述概念。

定义 4.2　对 $\forall A \in F(U)$,分别定义 A_{near} 和 A_{far} 为模糊集 A 的"最近"分明集和"最远"分明集,则

$$A_{\text{near}}(x) = \begin{cases} 1, A(x) \geqslant \dfrac{1}{2} \\ 0, A(x) < \dfrac{1}{2} \end{cases} \tag{4.23}$$

$$A_{\text{far}}(x) = \begin{cases} 0, A(x) \geqslant \dfrac{1}{2} \\ 1, A(x) < \dfrac{1}{2} \end{cases} \tag{4.24}$$

显然有 $A_{\text{near}}^c(x) = A_{\text{far}}(x)$。

考虑到 A 和 A^c 的交集不为空,Yager 定义了一种模糊熵[169]:

$$F_{e_Y}(A) = 1 - \frac{l_p(A, A^c)}{n^{1/p}} \tag{4.25}$$

令 $\forall A, B \in F(U)$, $p \geqslant 1$,则 l_p 的定义可写为

$$l_p(A, B) = \left[\sum_{i=1}^{n} |A(x_i) - B(x_i)|^p \right]^{1/p} \tag{4.26}$$

当 $p = 1$ 时,l_p 成为汉明测度(Hamming measure):

$$l_p(A, B) = \sum_{i=1}^{n} |A(x_i) - B(x_i)| \tag{4.27}$$

基于定义 4.2,Kaufmann 同样定义了一种模糊熵[170]:

$$F_{e_{Kau}}(A) = \frac{1}{n^{1/p}} l_p(A, A^c) = \frac{1}{n^{1/p}} \left[\sum_{i=1}^{n} |A(x_i) - A_{near}(x_i)|^p \right]^{1/p} \quad (4.28)$$

记 a 为模糊集 A 到"最近"分明集 A_{near} 的距离,即 $a = l_1(A, A_{near})$,b 为模糊集 A 到 A_{far} 的距离,即 $a = l_1(A, A_{far})$,则比例模糊熵可定义为[171]

$$F_{e_{Kol}}(A) = \frac{a}{b} = \frac{l_1(A, A_{near})}{l_1(A, A_{far})} \quad (4.29)$$

在单位超立方体 I^n 中从 0 到 1,其中顶点的熵为 0,表明不模糊,中点的熵为 1,是最大熵。从顶点到中点,熵逐渐增大。从图 4.3 所示的几何图形上来考察熵的比例形式:

显然有

$$A = \left(\frac{1}{3}, \frac{3}{4} \right), \quad A_{near} = (0, 1), \quad A_{far} = (1, 0)$$

$$a = \frac{1}{3} + \frac{1}{4} = \frac{7}{12}, \quad b = \frac{2}{3} + \frac{3}{4} = \frac{17}{12}, \quad F_{e_{Kol}}(A) = \frac{7}{17}$$

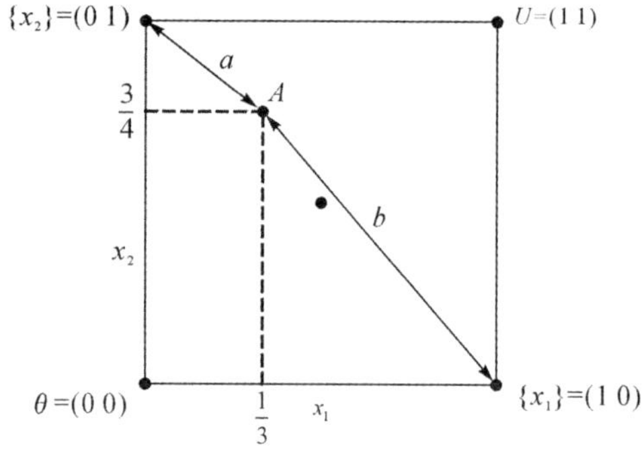

图 4.3　比例模糊熵几何示意图

另外,根据定义 4.1,Dubois 对模糊集的势进行了定义,设 $U = \{x_1, x_2, \cdots, x_n\}$,则模糊集 A 在论域 U 上的势为[172]

$$M(A) = \sum_{i=1}^{n} A(x_i) \quad (4.30)$$

显然,$M(U) = n$,$M([1/2]) = n/2$。

根据模糊集势的概念,Kosko 利用 overlap 和 underlap 的概念又定义了一种模糊熵[171]:

$$F_{e_{\text{Ko2}}}(A) = \frac{M(A \bigcap A^c)}{M(A \bigcup A^c)} = \frac{\sum\limits_{i=1}^{n}\left[A(x_i) \wedge A^c(x_i)\right]}{\sum\limits_{i=1}^{n}\left[A(x_i) \vee A^c(x_i)\right]} \tag{4.31}$$

该模糊熵的几何图示如图 4.4 所示。由对称性可知,完整模糊方形的 4 个点到各自的最近顶点、最远顶点的距离都相等。

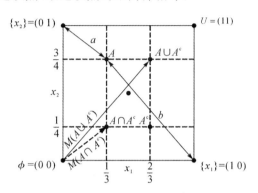

图 4.4　基于模糊集势的模糊熵几何示意图

事实上,对 $\forall A \in F(U)$,$F_{e_{\text{Ko1}}}(A) = F_{e_{\text{Ko2}}}(A)$ 都成立,证明过程参照文献 [173]。

此外,Parkash 将模糊集 A 的另一种模糊熵定义为[174]

$$F_e(A) = k \sum_{i=1}^{N}\left[f(\mu_A(x_i)\right] \tag{4.32}$$

其中,$f(t) = -t\ln t - (1-t)\ln(1-t)$,$k > 0$ 是正常数,$\mu_A(x_i)$ 表示模糊集 A 的隶属函数。

容易证明,$f(t)$ 是一个关于 $t = 0.5$ 的对称函数,在区间 $[0,0.5]$ 内严格单调递增,在区间 $[0.5,1]$ 内严格单调递减,当 $t = 0.5$ 时取得最大值 $\ln 2$,如图 4.5 所示。

由式(4.32)可以看出,如果 $\mu_A(x) \in \{0,1\}$,则 $F_e(A) = 0$;如果 $\mu_A(x) \in \{1\}$,则 $F_e(A)$ 取得最大值 $N\ln 2$,因此,本章取 $k^{-1} = N\ln 2$ 作为归一化因子。

经多次实验,本章采用式(4.32)作为模糊熵计算公式,采用如式(4.33)所表示的 S 型函数[167]作为隶属度函数:

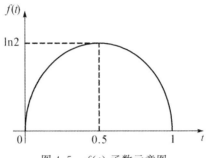

图 4.5　$f(t)$ 函数示意图

$$\mu_A(x_i) = \begin{cases} 0, x_i < a \\ (x_i - a)2/(b-a)(c-a), a \leqslant x_i < b \\ 1 - (x_i - c)2/(c-b)(c-a), b \leqslant x_i < c \\ 1, x_i \geqslant c \end{cases} \tag{4.33}$$

其中,$b=(a+c)/2$。a 与 c 确定了 S 函数中模糊窗宽的范围,且随所取模糊窗的不同而发生变化,作为函数的一个转接点,可以通过求得模糊集的熵最大值来获得最优的参数 a,b,c 的值,即所求参数应满足下式:

$$\max\{F_e(A), a, b, c \in x(n) \& a < b < c\} \tag{4.34}$$

考虑到辐射源信号包含了一定的不确定性,因此可以用模糊熵来衡量信号的不确定性。记重采样后的 N 点信号序列为 $\boldsymbol{x}(n) = \begin{bmatrix} x_1 & x_2 & \cdots & x_N \end{bmatrix}$,$A$ 为该序列对应的模糊子集,则确定最优参数 a,b,c 的值后,根据式(4.33)求出信号序列的隶属度即可由式(4.32)求出信号序列的模糊熵。

表 4.2 给出了式(4.22)所表示测试信号在不同信噪比点上的模糊熵特征均值与方差,取 10 次实验结果进行对比分析。

表 4.2 中测试信号特征向量的均值反映了它们在特征空间中的中心位置,方差值的大小反映了在中心位置处特征向量的聚集程度。可以看出,测试信号特征在中心处聚集程度比较高,且模糊熵特征在一个较宽的信噪比变化范围内受噪声影响较小。

表 4.2　测试信号模糊熵特征的均值与方差

实验序号	均值	方差
1	0.915 98	$1.577\ 2 \times 10^{-5}$
2	0.914 74	$9.768\ 5 \times 10^{-6}$

续　表

实验序号	均值	方差
3	0.916 24	$2.211\ 2\times10^{-5}$
4	0.915 57	$1.191\ 8\times10^{-5}$
5	0.916 36	$2.529\ 1\times10^{-5}$
6	0.914 38	$8.643\ 6\times10^{-6}$
7	0.915 17	$1.062\ 7\times10^{-5}$
8	0.913 63	$3.300\ 0\times10^{-5}$
9	0.915 98	$1.193\ 2\times10^{-5}$
10	0.915 41	$1.108\ 1\times10^{-5}$

4.3.3　归一化能量熵特征提取及性能分析

雷达辐射源信号是一种典型的非平稳信号,对这种信号较为直观的分析需要使用具有局域性的基本量与基本函数。而对于很早就已提出的瞬时频率,其恰好是一种具有局域性的基本量。瞬时频率(IF, Instantaneous Frequency)定义为解析信号相位的导数,但是在实际信号分析中,该定义往往会产生一些错误的结论。在对 IF 的概念深入研究的基础上,Huang 等人创立了针对时变、非平稳信号的 Hilbert - Huang 变换(HHT, Hilbert - Huang Transform),即基于经验模态分解(EMD, Empirical Mode Decomposition)的时频分析[175]。该方法提出一种称为本征模态函数(IMF, Intrinsic Mode Function)的概念,并提出将任意信号分解为 IMF 的方法-经验模态分解(EMD),通过这一过程,瞬时频率被赋予了合理的定义、物理意义以及求解方法,建立了以瞬时频率为表征信号交变的基本量,以本征模态函数为基函数的新时频分析方法的体系。HHT 方法无需信号的先验知识,基函数即本征模态函数本身就是自适应地从原信号中分解而来,克服了传统方法如 Wigner 分布(WD)、短时傅里叶变换(STFT)和小波变换(WT)等时频分析方法基于先验知识确定核函数或基函数的类型,在具体分析时根据信号的特点确定其具体参数的不足[28]。

经验模态分解是指通过对信号中不同尺度的波动或趋势逐级分解,从而产生一系列具有不同特征尺度的数据序列,称其为本征模态函数

(IMF)[175,176]。EMD 方法的本质就是将信号分解为若干不同 IMF 之和,不同的 IMF 代表信号不同频段的成分,每个频段所包含的频率成分是不相同的。IMF 定义为满足以下两个条件的信号分量:①极值点和零交叉点的个数相差不超过 1 个;②由局部极大值和局部极小值点构成包络的均值为 0。

在信号分解过程中,基本模式分量难以严格满足上述两个条件,为保证算法收敛性,同时为保证 IMF 分量保存足够的反映物理实际的幅度和频率调制,须定义适当的分解终止条件。Huang 等[175]仿照柯西收敛准则,定义如下式所示的标准偏差 SD 作为算法收敛准则:

$$SD = \sum_{t=0}^{T} \frac{\left[h_{1(k-1)}(t) - h_{1k}(t)\right]^2}{h_{1(k-1)}^2(t)} \tag{4.35}$$

式中,$h_{1j}(t)$ 为第 1 个模式分量的第 j 次分解,一般地,SD 值越小越好。但是,在实际取值时,应根据经验值作适当调整,Huang 建议 SD 取值在 0.2~0.3 之间,这个范围是一个比较严格的条件。

Rilling 等[177]对公式(4.35)所表示的收敛准则进行了改进,Zhu 等[178]则认为,在 EMD 分解的过程中,只要满足波形的极值点和过零点的数目相等这一条件,那么筛选过程就可终止。另外,经过大量实验证明,如果在 EMD 分解过程中,如果得到的信号序列与筛选过程中得到的 IMF 分量差值为一个单调函数,则此时分解过程可以终止。

设得到的脉冲数据序列为 $s(t)$,则利用 EMD 分解 $s(t)$ 的过程如下所述:

步骤 1　令 $i=1, j=1$;

步骤 2　以三次样条函数分别连接信号 $s(t)$ 的局部极大值和极小值序列,形成信号的上下包络;

步骤 3　计算上下包络的均值 $m_{ij}(t)$,同时记 $h_{ij}(t) = s(t) - m_{ij}(t)$;

步骤 4　如果 $h_{ij}(t)$ 满足 IMF 条件,则转到步骤 5,否则以 $h_{ij}(t)$ 替代 $s(t)$,并令 $j=j+1$,转到步骤 2;

步骤 5　记 $c_i(t)$ 为 EMD 分解得到的第 i 个 IMF 分量,则 $c_i(t) = h_{ij}(t)$,令 $r_i(t) = s(t) - c_i(t)$,如果 $r_i(t)$ 为一个单调函数,则分解过程终止,此时称 $r_i(t)$ 为趋势余项,否则以 $r_i(t)$ 替代 $s(t)$,并令 $i=i+1$,转到步骤 2;

由以上步骤可以看出,原信号 $s(t)$ 经 EMD 分解为 k 个 IMF 分量与趋势余项的和,即

$$s(t) = \sum_{i=1}^{k} c_i(t) + r_k(t) \tag{4.36}$$

其中,k 为总共分解次数。

在 EMD 分解过程中,包络平均的求解是通过对原数据中的上下极值点分别进行样条插值并拟合,然后再平均计算的,然而样条插值时,除非数据的极值点就位于数据的两个端点处,否则就不能确定端点处的数据极值点,因此,对数据进行直接插值时会使得上下包络在信号的两端可能发生扭曲效应,意即形成 EMD 的端点问题。相对于高频分量,考虑到极值点时间间隔小,因此端点效应局限在信号两端很小的范围之内,但是对于低频分量,由于极值点间隔的加大,EMD 的端点效应会传播到信号内部,从而造成每层分解的误差逐渐累加,后面分解层的质量必定会受到严重影响,在累计误差严重的情况下甚至会使数据分解失去意义。

通过以上分析可知,提高分解精度的瓶颈问题在于减弱端点效应。为了减弱端点效应,一般认为,对长数据序列,可根据极值点的情况抛弃经验模态分解分解后的本征模态函数或抛弃分解后时频谱两端的数据以减弱这一效应。而对于数据序列较短的情形,必须对数据序列进行延拓,然后对经延拓后的信号进行经验模态分解,以获得较高的分析精度。

一种有效的解决方法是采用镜像闭合延拓法进行端点的延拓[179]。该延拓方法根据信号的分布特性,将延拓后的信号映射成一个周期性的环形信号,不存在端点,从而避免了 EMD 的端点问题。

通过以上分析,可得到基于 EMD 的辐射源信号特征提取方法,如下所述:

步骤 1 对个体脉冲数据进行周期延拓;

步骤 2 对周期延拓后的数据序列进行重采样,记采样后的数据序列为 $s'(t)$;

步骤 3 对 $s'(t)$ 进行 EMD 分解,并得到各 IMF 分量;

步骤 4 得到处理后各脉冲数据序列 $s'(t)$ 的 IMF 分量后,即可求得各 IMF 分量的归一化能量:

$$p_i = \frac{\sqrt{\sum_{j=1}^{N} |c_i(j)|^2}}{\sum_{i=1}^{k} \sqrt{\sum_{j=1}^{N} |c_i(j)|^2}} \tag{4.37}$$

其中,p_i 表示归一化 IMF 能量;N 表示信号序列 $s'(t)$ 的长度。显然 $\sum p_i = 1$,$i = 1, 2, \cdots, k$,分解次数 k 与信号的复杂程度有关,由分解算法自适应确定。

步骤 5 将 $\boldsymbol{F} = \begin{bmatrix} p_1 & p_2 & \cdots & p_k \end{bmatrix}^T$ 组成特征向量。

对雷达辐射源信号来讲,不同频带内的信号能量分布随调制方式的不同而发生改变,因此通过计算不同辐射源信号的 IMF 分量归一化能量熵可以判断辐射源信号的类型。即可通过下式求出信号的 IMF 分量归一化能量熵(NeEn):

$$P_e = -\sum_{i=1}^{k} p_i \ln p_i \qquad (4.38)$$

式中,p_i 表示归一化 IMF 能量。由熵理论可知,如果辐射源信号各 IMF 分量的能量分布均匀,则归一化能量熵最大;若能量集中在少数 IMF 分量处,则归一化能量熵较小。图 4.6 给出了式(4.22)所表示测试信号的归一化能量熵(NeEn)随信噪比变化的曲线。

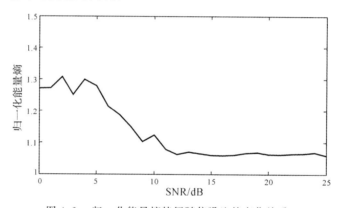

图 4.6   归一化能量熵特征随信噪比的变化关系

由图 4.6 可知,随着信噪比的提高,NeEn 特征逐渐趋于平稳,尤其是当信噪比大于 12 dB 后该特征仅表现出较小的波动,说明 NeEn 特征具有一定的抗噪能力。

4.4   雷达辐射源信号分类聚类方法

鉴于样本熵、模糊熵和归一化能量熵可以有效描述辐射源信号的复杂性和不确定性,本章提出利用其组成的特征向量来进行辐射源信号的分类识别和聚类方法,具体步骤如下:

步骤 1   对辐射源信号进行预处理,得到重采样后的信号 $x(n), n = 1, 2, \cdots, N$,计算归一化能量熵时,直接由个体脉冲数据延拓并重采样得到序列 $s'(t), t = 1, 2, \cdots, N, N$ 为重采样后的信号长度;

步骤 2　按照样本熵估计算法求得信号序列 $x(n)$ 的样本熵 S_e；

步骤 3　按照式(4.32)求得序列 $x(n)$ 的模糊熵 F_e；

步骤 4　按照式(4.38)求得序列 $s'(t)$ 的归一化能量熵 P_e；

步骤 5　将特征矢量 $\boldsymbol{F}_E = [S_e \quad F_e \quad P_e]$ 输入分类或者聚类器对信号进行分类识别或聚类分选。

4.5　雷达辐射源信号三维熵特征性能分析

实验在 Pentium(R)双核 E5300 个人计算机上进行,计算机配置是:CPU 主频为 2.6 GHz,内存为 2 GB,硬盘为 250 GB。

本章选择 6 种典型雷达信号进行仿真实验[111],这六种信号分别为,常规雷达信号(CW)、线性调频雷达信号(LFM)、非线性调频雷达信号(NLFM)、二相编码雷达信号(BPSK)、四相编码雷达信号(QPSK)和频率编码雷达信号(FSK)。信号载频取为 850 MHz,其脉宽和采样频率分别为 10.8 μs 和 2.4 GHz,LFM 的频偏设为 45 MHz,NLFM 频率采用正弦调制,BPSK 采用 31 位伪随机码,QPSK 采用哈夫曼码,FSK 信号采用巴克码。对这 6 种雷达辐射源信号分别在 0~20 dB 的信噪比范围内(这里仅考虑脉内加性高斯白噪声)每隔 5 dB 产生 120 个样本,总共为 600 个样本。

在训练分类器和测试信号分类识别效果之前,要对所有样本进行熵特征的提取。为了直观反映各辐射源信号的特征分布情况,本章从提取到的特征向量中选取各信号不同信噪比的 60 组特征样本,总共 300 组特征样本做如图 4.7 所示的特征分布。

由图 4.7(a)中可以看出,CW、LFM 和 NLFM 三种信号的三维特征类内聚集性较好,而 FSK、BPSK 和 QPSK 三种信号的特征较发散;由图 4.7(b)中可以看出,BPSK 和 QPSK 的样本熵和模糊熵特征有部分重叠;在图 4.7(c)中,FSK 和 NFLM 有部分重叠,同时 QPSK 和 LFM 重叠较严重,几乎不能分辨;在图 4.7(d)中,NLFM 和 QPSK 有部分重叠。因此仅依靠二维熵特征不能总是得到好的分类识别结果。考虑到上述因素,本章用 SVM 对三维特征向量表征的辐射源信号进行分类识别。

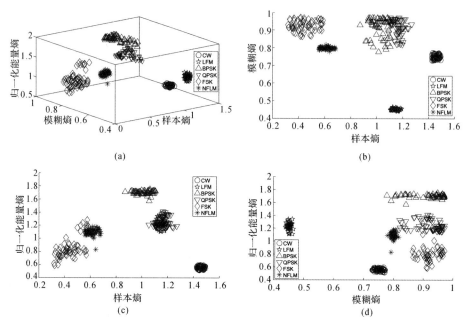

图 4.7 辐射源信号特征分布图

(a)样本熵,模糊熵和归一化能量熵；ﾠ(b)样本熵和模糊熵；

(c)样本熵和归一化能量熵；ﾠ(d)模糊熵和归一化能量熵

表4.3中列出了各类信号特征向量的均值和方差。

表 4.3　测试样本集三种熵特征的均值与方差

信号类型	样本熵 S_e		模糊熵 F_e		归一化能量熵 P_e	
	均值	方差	均值	方差	均值	方差
CW	1.452 6	$6.596\ 9\times10^{-4}$	0.750 7	$2.266\ 2\times10^{-4}$	0.730 2	$2.081\ 9\times10^{-3}$
LFM	1.302 3	$1.184\ 0\times10^{-3}$	0.582 7	$1.003\ 4\times10^{-3}$	1.107 3	$2.170\ 3\times10^{-3}$
BPSK	1.124 4	$1.202\ 6\times10^{-3}$	0.713 6	$5.618\ 0\times10^{-3}$	1.265 8	$2.193\ 8\times10^{-3}$
QPSK	1.043 1	$1.696\ 9\times10^{-3}$	0.728 9	$3.427\ 8\times10^{-3}$	1.396 1	$1.413\ 0\times10^{-3}$
FSK	0.903 5	$1.254\ 5\times10^{-3}$	0.851 1	$1.103\ 7\times10^{-3}$	1.508 7	$7.162\ 3\times10^{-4}$
NLFM	1.177 2	$1.152\ 0\times10^{-3}$	0.785 7	$3.095\ 4\times10^{-4}$	1.665 6	$2.584\ 3\times10^{-3}$

　　考虑到信号特征向量的均值反映其在特征空间中的中心位置,而方差大小则反映其在中心位置处特征的聚集程度。由表4.3可以看出,不同信号特

征在中心处聚集程度都相对较高,且在一个较宽的信噪比变化范围内噪声对上述 6 种雷达信号的熵特征影响都较小,这一事实与前面的理论分析相一致。

4.6　仿真实验与分析

鉴于雷达辐射源训练数据库通常不具有完备性以及在实际战场环境中的应用问题,这里须采用一种适用于训练样本较少,而且训练和分类速度都较快,而且不易陷入局部极小值的分类器。而支持向量机(SVM,Support Vector Machine)恰好具有这些优点,因此这里选用支持向量机作为分类识别的学习算法。支持向量机不仅能够较好解决以往机器学习方法中存在的诸多问题,例如非线性、小样本、高维数、局部极小值点和过学习等实际性的问题,而且与基于经验风险最小化(ERM,Empirical Risk Minimization)原理的神经网络学习(NNL,Neural Network Learning)算法相比,支持向量机具有更好的泛化能力以及更强的理论基础[180]。支持向量机是通过核函数来完成输入特征矢量由低维特征空间到高维特征空间的映射,通过这一方法,可将原始输入空间的非线性可分问题进行转化,转化为高维空间的线性可分问题,通过这一过程,可以达到辐射源信号分类识别的目的。取出所产生的 200 个样本用于分类器训练,其余 400 个用作信号分类识别的测试集。

为说明三维熵特征的良好性能,表 4.4 列出了仅用样本熵和模糊熵作为信号特征进行分类识别时的结果用以对比,同时表 4.5 中列出了利用 SVM 得到的三维特征向量表征的各信号正确识别率随信噪比的变化情况,表中数据 20 次实验结果的统计平均。

表 4.4　用二维特征分类识别的统计结果

单位:(%)

调制方式	0 dB	5 dB	10 dB	15 dB	20 dB	平均识别率
CW	94.28	98.37	99.06	100	100	98.34
LFM	87.07	93.90	96.92	100	100	95.58
BPSK	66.31	86.89	92.63	90.43	97.99	86.85
QPSK	74.00	83.17	87.34	94.51	98.14	87.43
FSK	62.95	77.40	86.83	90.01	95.23	82.48
NLFM	71.13	88.26	92.96	96.65	100	89.80
平均识别率	75.96	88.00	92.62	95.27	98.56	—

表 4.5　用三维特征分类识别的统计结果

单位:(%)

调制方式	0 dB	5 dB	10 dB	15 dB	20 dB	平均识别率
CW	95.42	98.29	100	100	100	98.74
LFM	84.83	100	100	100	100	96.97
BPSK	81.29	89.21	84.96	95.58	100	90.21
QPSK	85.00	90.33	94.62	98.87	100	93.76
FSK	76.25	84.17	88.92	93.38	98.33	88.21
NLFM	80.38	83.50	92.50	97.71	100	90.82
平均识别率	83.86	90.92	93.50	97.59	99.72	—

表 4.4 中的结果表明,利用样本熵和模糊熵作为信号特征进行分类识别时,6 种辐射源信号的平均正确识别率为 90.08%。由表 4.5 可看出,在一定的 SNR 范围内,以提取的三种熵为特征向量,并用 SVM 分类器对雷达辐射源信号进行分类识别时,每种信号都可以取得较高的正确识别率。信号正确识别率的高低与信号的复杂程度有关,可以看出,相对较为简单的信号形式,例如 CW 和 LFM 调制信号,它们的平均正确识别率分别可达到 98.74% 和 96.97%,这种结果与图 4.7(a)中这两种信号较好的特征类内聚集性是一致的;对于较为复杂的信号形式,例如 BPSK 和 FSK 调制信号,其平均正确识别率为 90.21% 和 88.21%,该结果与三维特征的聚集程度不佳和特征的部分重叠有关。另外,6 种辐射源信号的平均正确识别率达到了 94.02%,相对利用样本熵和模糊熵作为信号特征而言,平均识别率提高了 3.94%,识别效果较好。

4.7　本章小结

雷达辐射源信号脉内特征分析在电子情报和电子支援信号处理中的地位愈来愈突出,已成为影响电子对抗中雷达信号分选识别性能的关键技术。针对雷达信号由于受噪声干扰及不同调制方式影响而表现出的不确定性,本章研究了复杂体制雷达信号熵的表现形式,分别提取出反映雷达信号复杂性的样本熵,反映雷达信号不确定度的模糊熵和度量雷达信号能量分布的归一化能量熵特征。通过对 6 种不同调制的雷达辐射源信号仿真实验和数据分析表明,提取的三维熵特征在一定信噪比范围(0~20 dB)内可以获得高达 94% 的平均正确识别率,验证了熵特征提取方法的有效性。

第5章 雷达辐射源信号双谱二次特征提取

5.1 引 言

高阶统计量(HOS，Higher - Order Statistics)即高阶谱分析方法可以自动抑制高斯有色噪声对非高斯信号的影响，同时 HOS 能抑制非高斯有色噪声影响，并且保留信号的幅度与相位信息，因此在故障检测[181-183]、目标识别[184,185]，尤其是在雷达辐射源信号的识别和分选等方面受到普遍关注[88-93]。三阶谱即双谱(bispectral)因其在提取信号特征时具有很多优良特性，如时移不变性、相位保持性、尺度不变性及时间无关性等，因此双谱(bispectral)在信号特征提取方面具有独特优势[87,186-188]。当下已有很多学者将双谱作为信号的有效特征，并将其用于分类识别之中，也取得了相当不错的效果[110,111,187,188]。但是考虑到双谱的二维数据量巨大，如果直接将其视为模板并用来分类识别信号，那么计算复杂度将相当高，因此一般使用积分双谱(IB，Integral bispectrum)、选择双谱(SB，Selected Bispectral)等方法提取双谱特征[87,110,111]，而用积分双谱虽然可以大为降低计算量，但它仍存在冗余双谱和交叉项等问题；选择双谱可以将特征向量压缩，但向量维数仍然相对过高，不利于工程实现。

本章通过对雷达辐射源信号的双谱特性进行研究和分析，提出了 3 种基于双谱(bispectral)的二次特征提取方法，该方法利用图像处理中的成熟技术，通过将双谱转化为灰度图像，然后分别提取图像中的 Zernike 正交矩特征、伪 Zernike 正交矩特征和灰度共生矩阵特征，用以表征辐射源信号在双谱中的调制信息。同时，将本章提出的 3 种特征集与文献[191]等提出的双谱 Hu-不变矩特征进行分类识别对比实验，以验证这些特征集的有效性。

5.2 高阶统计量

高阶统计量通常是指高阶矩、高阶累积量以及它们的谱——高阶矩谱和高阶累积量谱这四种主要统计量。下面首先介绍特征函数，然后由特征函数引出高阶统计量的定义。

5.2.1 特征函数与矩函数

对于概率密度为 $f(x)$ 的随机变量 x，其第一特征函数定义为[192]

$$\phi(v) = E[e^{jvx}] = \int_{-\infty}^{\infty} f(x) e^{jvx} \, dx \tag{5.1}$$

若令 $w = -v$，则 $\phi(-w)$ 即为 $f(x)$ 的傅里叶变换。因为 $f(x) \geqslant 0$，所以 $\phi(v)$ 在原点有最大值，即 $|\phi(v)| \leqslant \phi(0) = 1$。

第二特征函数定义为 $\phi(v)$ 的对数，即

$$\psi(v) = \ln\phi(v) \tag{5.2}$$

随机变量 x 的 k 阶矩函数（简称矩函数）m_k 定义为

$$m_k = E[x^k] = \int_{-\infty}^{\infty} x^k f(x) \, dx \tag{5.3}$$

式中，$f(x)$ 为 x 的概率密度分布函数。

事实上，矩函数可由第一特征函数生成。若对 $\phi(v)$ 取 k 阶导数，则得

$$\frac{d^k\phi(v)}{dv^k}\bigg|_{v=0} = \int_{-\infty}^{\infty} f(x)(jx)^k e^{jvx} \, dx \big|_{v=0} = (j)^k \int_{-\infty}^{\infty} f(x) x^k \, dx = j^k m_k \tag{5.4}$$

所以有

$$m_k = (-j)^k \phi^k(0) \tag{5.5}$$

因此 $\phi(v)$ 又称为 x 的矩生成函数。

对于随机向量 $\mathbf{X} = [x_1 \quad x_2 \quad \cdots \quad x_n]^T$，其第一联合特征函数 $\phi(\mathbf{V})$ 可定义为

$$\phi(\mathbf{V}) = E\left[e^{j\sum_{k=1}^{n} v_k x_k}\right] \tag{5.6}$$

式中，$\mathbf{V} = [v_1 \quad v_2 \quad \cdots \quad v_n]^T$。

第二联合特征函数可类似定义为

$$\psi(\mathbf{V}) = \ln\phi(\mathbf{V}) \tag{5.7}$$

随机向量 $\mathbf{X}$ 的 r 阶矩函数（$k_1 + k_2 + \cdots + k_n = r$）可用 $\phi(\mathbf{V})$ 定义为

$$m_{k_1, k_2, \cdots, k_n} = E[x_1^{k_1}, x_2^{k_2}, \cdots, x_n^{k_n}] = (-j)^r \left[\frac{\partial^r \phi(\mathbf{V})}{\partial v_1^{k_1} v_2^{k_2} \cdots v_n^{k_n}}\right]_{v_1 = v_2 = \cdots = v_n = 0} \tag{5.8}$$

5.2.2 高阶累积量分析

与矩函数和第一特征函数的关系类似，定义随机变量 x 的 k 阶累积量

c_k 为[192]

$$c_k = (-j)^k \frac{d^k \psi(v)}{dv^k} \bigg|_{v=0} \tag{5.9}$$

考虑到 $\phi(0)=1$，因此必有 $\psi(0)=0$。若在 $v=0$ 点将 $\psi(v)$ 进行泰勒级数展开，必有

$$\psi(v) = c_1(jv) + \frac{1}{2}c_2(jv)^2 + \cdots + \frac{1}{k!}c_k(jv)^k + \cdots \tag{5.10}$$

对于 n 维随机向量 $\boldsymbol{X} = [x_1 \quad x_2 \quad \cdots \quad x_n]^T$，其阶数为 $r = k_1 + k_2 + \cdots + k_n$ 的累积量也可定义为

$$c_{k_1,k_2,\cdots,k_n} = (-j)^r \left[\frac{\partial^r \psi(V)}{\partial v_1^{k_1} v_2^{k_2} \cdots v_n^{k_n}} \right]_{v_1 = v_2 = \cdots = v_n = 0} \tag{5.11}$$

特别地，当 $k_1 = k_2 = \cdots = k_n = 1$ 时，便得到最常见的 n 阶累积量表示形式，记为

$$\mathrm{cum}(x_1, x_2, \cdots, x_n) = c_n = c_{1,1,\cdots,1} \tag{5.12}$$

考察高斯信号的累积量。张贤达[87] 指出对于任何高斯随机过程 $\{x(n)\}$，其阶次高于 2 的 k 阶累积量恒等于零，即

$$c_{kx}(\tau_1, \tau_2, \cdots, \tau_{k-1}) = 0, \quad k \geqslant 3 \tag{5.13}$$

高阶累积量在理论上完全可以抑制高斯噪声的基础在于，对于高斯分布随机变量 x，当 $k \geqslant 3$ 时，其高阶累积量 c_k 恒为零，而双谱来源于 3 阶累积量的 2 阶傅里叶变换，故而理论上也具有抑制高斯噪声的能力。

5.2.3　高阶谱分析

文献[87] 给出了高阶谱的概念，假定随机过程 $\{x(n)\}$ 的 k 阶累积量 $c_{kx}(\tau_1, \cdots, \tau_{k-1})$ 是绝对可求和的，即

$$\sum_{\tau_1 = -\infty}^{\infty} \cdots \sum_{\tau_{k-1} = -\infty}^{\infty} |c_{kx}(\tau_1, \tau_2, \cdots, \tau_{k-1})| < \infty \tag{5.14}$$

则 $\{x(n)\}$ 的 k 阶谱定义为 k 阶累积量的 $(k-1)$ 阶离散傅里叶变换，即有

$$S_{kx}(w_1, \cdots, w_{k-1}) = \sum_{\tau_1 = -\infty}^{\infty} \cdots \sum_{\tau_{k-1} = -\infty}^{\infty} c_{kx}(\tau_1, \tau_2, \cdots, \tau_{k-1}) e^{-j(w_1 \tau_1 + \cdots + w_{k-1} \tau_{k-1})}$$

$$\tag{5.15}$$

高阶谱又称多谱或累积量谱，称经常使用的三阶谱 $S_{3x}(w_1, w_2)$ 为双谱，用 $B_x(w_1, w_2)$ 表示。

由以上定义可以看出，高阶谱是由累积量的傅里叶变换来定义的，这样定

义的好处在于[192]:① 从理论上讲,高阶累积量的使用可以避免高斯有色噪声的影响;② 两个统计独立的随机过程之和的累积量等于各随机过程的累积量之和,这样在实际处理加性信号时将带来运算上的方便;③ 独立同分布过程的高阶累积量为 δ 函数,因而其傅里叶变换是多维平坦的,这使得建立非高斯信号与线性系统传递函数之间的关系比较容易。

5.3 双 谱 分 析

5.3.1 双谱的概念及性质

由式(5.15)可知,三阶谱即双谱由下式确定:

$$B_x(w_1,w_2) = \sum_{\tau_1=-\infty}^{\infty} \sum_{\tau_2=-\infty}^{\infty} c_{3x}(\tau_1,\tau_2) \mathrm{e}^{-\mathrm{j}(w_1\tau_1+w_2\tau_2)} \tag{5.16}$$

对于均值为零的随机过程 $x(t)$,其双谱可表示为

$$B_x(w_1,w_2) = X(w_1)X(w_2)X^*(w_1+w_2) \tag{5.17}$$

其中,$X(w) = \sum_{\tau=-\infty}^{\infty} x(\tau)\mathrm{e}^{-\mathrm{j}u\tau}$。

双谱得到广泛应用的原因在于它具有以下优良性质[87]:

性质 1 双谱是以 2π 为周期的周期函数,即

$$B_x(w_1,w_2) = B_x(w_1+2l_1\pi,w_2+2l_2\pi) \tag{5.18}$$

式中,l_1 和 l_2 皆为整数,此性质可由双谱的定义直接得到。由于式(5.18)所描述周期性的存在,对于包含全部信息的主值周期,其应该满足 $|w_j| \leqslant \pi(j=1,2,\cdots,k-1)$ 的区域。

性质 2 双谱一般为复函数,即

$$B_x(w_1,w_2) = |B_x(w_1,w_2)| \mathrm{e}^{\mathrm{j}\theta_B(w_1,w_2)} \tag{5.19}$$

式中,$|B_x(w_1,w_2)|$ 和 $\theta_B(w_1,w_2)$ 分别表示双谱的幅值和相位,双谱中的相位函数是它与功率谱的重要区别,该相位函数反映了信号的相位信息。

性质 3 双谱具有对称性。由累积量关于变元的对称性可知,3 阶累积量与(1,2,3)这 3 个整数的排列无关,而这种排列共有 6 个,因此在 x_1,x_2,x_3 所构成的三维平面内共有 6 个相等的累积量,即在此三维平面内共有 6 个对称区域[192],如图 5.1(a)所示。

考虑到双谱为 3 阶累积量的线性变换,因此双谱 $B_x(w_1,w_2)$ 在 $\{w_1,w_2\}$ 平面内将有 6 个对称区域,即

$$B_x(w_1,w_2) = B_x(w_2,w_1) = B_x(-w_1-w_2,w_2) =$$
$$B_x(w_1,-w_1-w_2) = B_x(-w_1-w_2,w_1) =$$
$$B_x(w_2,-w_1-w_2) \tag{5.20}$$

对于实信号 $\{x(n)\}$，其双谱还满足共轭对称性，即

$$B_x(w_1,w_2) = B_x^*(-w_1,-w_2) \tag{5.21}$$

因此双谱 $B_x(w_1,w_2)$ 在 w_1-w_2 平面的对称区域为 12 个，如图 5.1(b) 所示。

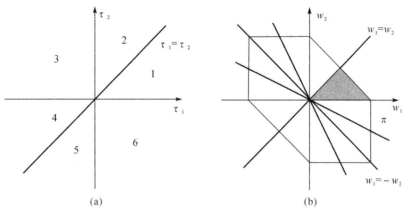

(a)　　　　　　　　　　　　　　(b)

图 5.1　三阶累积量和双谱的对称性

（a）三阶累积量的对称区域；（b）双谱的对称区域

综合考虑双谱的周期性及对称性，由 $B_x(-w_1-w_2,w_2)$ 的周期性可知，w_1 与 w_2 的主值周期范围还应该满足下式所表示的约束条件：

$$|w_1+w_2| \leqslant \pi \tag{5.22}$$

考虑到以上对称性和周期性，在如下三角区：

$$w_2 \geqslant 0, \quad w_1 \geqslant w_2, \quad w_1+w_2 \leqslant \pi \tag{5.23}$$

内的双谱信息包含了信号双谱全部的信息。因此在需要对双谱进行估计时仅在此三角区内进行即可。

5.3.2　双谱估计

与传统的功率谱估计一样，有三种方法可用来进行谱估计，分别为直接法、间接法和参数模型估计方法，下面对仿真时所用到的双谱估计直接法进行研究。

非参数法双谱估计的直接法是从已知的一段样本序列 $\{x(1),x(2),\cdots,$

$x(N)\}$出发,并假定在$n \leqslant 0$或$n \geqslant (N+1)$范围内样本序列$x(n)$恒等于零,由此来构造随机信号$\{x(n)\}$的双谱估计形式。非参数法双谱估计的优点是简单、易于实现、可以使用快速傅里叶变换(FFT, Fast Fourier Transform)算法。设随机信号$\{x(n)\}$的一段N点样本序列$\{x(1), x(2), \cdots, x(N)\}$,则双谱估计直接法的主要步骤如下所述[192]。

步骤1 对将数据进行分段处理。将所给定的N点数据分为K段,每段含M个样本值,即$N = KM$,记第k段为$x^{(k)}(n)$,$k = 1, 2, \cdots, K$。M值应满足快速傅里叶变换所需的通用长度要求,如果有必要,可以在分段后将每段的尾部添零以满足这一要求;为兼顾频率分辨率与估计方差的要求,与功率谱估计相似,各段之间可以重叠,分段后应对各段进行去均值的处理。

步骤2 利用式(5.24)计算各段数据的DFT:

$$X^{(k)}(\lambda) = \frac{1}{M} \sum_{n=0}^{M-1} x^{(k)}(n) \mathrm{e}^{-\mathrm{j}2\pi n\lambda/M} \tag{5.24}$$

式中,$k = 1, 2, \cdots, K, \lambda = 0, 1, \cdots, M-1$。对于实序列,由于$X^{(k)}(\lambda)$的对称性,可取$\lambda = 0, 1, \cdots, (M/2 - 1)$。与通常的离散傅里叶变换(DFT, Discrete Fourier Transform)公式相比,式(5.24)多了因子$1/M$,其目的在于简化后面的公式。

步骤3 对数据序列的DFT进行频域平滑。对频域的M点序列$X^{(k)}(\lambda)$进行频域再采样,将M点序列序列变为$(2L_1+1)$个N_0点子序列,意即$M = (2L_1+1)N_0$。如果原来$x(n)$的采样频率为f_s,那么按照采样定理,$X^{(k)}(\lambda)$的谱线间隔应是f_s/M,而进一步采样之后,频域子序列的谱线间隔就会变成f_s/N_0。

将上述$(2L_1+1)$个N_0点子序列进行频域平滑处理,即得到第k段的双谱估计:

$$\hat{B}^{(k)}(\lambda_1, \lambda_2) = \frac{1}{\Delta_0^2} \sum_{i_1=-L_1}^{L_1} \sum_{i_2=-L_1}^{L_1} X^{(k)}(\lambda_1+i_1) X^{(k)}(\lambda_2+i_2) X^{(k)*}(\lambda_1+$$
$$\lambda_2+i_1+i_2), \quad k = 1, 2, \cdots, K \tag{5.25}$$

式中,$\Delta_0 = f_s/N_0$,同时按双谱的对称性和周期性,其计算区域满足:

$$0 \leqslant \lambda_2 \leqslant \lambda_1, \quad \lambda_2 + \lambda_1 \leqslant f_s/2\Delta_0 \tag{5.26}$$

可以证明,上述估计$\hat{B}^{(k)}(\lambda_1, \lambda_2)$正是$M$点序列$x^{(k)}(n)$双谱的渐进无偏估计[193],并称$\hat{B}^{(k)}(\lambda_1, \lambda_2)$为$x^{(k)}(n)$的三阶周期图(TOP, Third Order Periodogram),所以此算法也称为平滑周期图(SP, Smoothed Periodogram)法。这里,第(λ_1, λ_2)条谱线所对应的频率记为$(\Delta_0\lambda_1, \Delta_0\lambda_2)$,或者以数字频率

的方式可表示为$(2\pi\lambda_1/N_0,2\pi\lambda_2/N_0)$。

步骤4　对估计双谱进行时域平滑。即令

$$\hat{B}_x(\lambda_1,\lambda_2)=\frac{1}{K}\sum_{k=1}^{K}\hat{B}^{(k)}(\lambda_1,\lambda_2) \tag{5.27}$$

式(5.27)也可用角频率记为

$$\hat{B}_x(\omega_1,\omega_2)=\frac{1}{K}\sum_{k=1}^{K}\hat{B}^{(k)}(\omega_1,\omega_2) \tag{5.28}$$

由(λ_1,λ_2)所对应频率关系,可知:

$$\omega_1=\frac{2\pi f_s}{N_0}\lambda_1,\quad \omega_2=\frac{2\pi}{N_0}\lambda_2 \tag{5.29}$$

由以上步骤可以看出,虽然时频域平滑都可以使双谱估计(BE,Bispectrum Estimation)的方差降低,但其代价是将频率分辨率由原来的f_s/N降低为平滑后f_s/N_0。因此,如果需要对数据进行分段平滑,首先需要考虑的是最后的频率分辨率f_s/N_0应能满足基本的技术要求。

5.4　雷达辐射源信号双谱分析

在实际信号处理过程中,经常使用三阶累积量$c_{3x}(\tau_1,\tau_2)$的一维切片。考虑到$c_{3x}(\tau_1,\tau_2)$有2个独立滞后变量τ_1和τ_2,因此一维切片就是在二维空间的平面上选择累积量的滞后值,这也是切片名称的由来[87]。一维切片有多种选择,例如:对角切片、垂直切片和水平切片等,取$\tau_1=\tau_2=\tau$即可得到对角切片,取$\tau_1=\tau_2=0$则可得到斜度的概念。

考察一实信号$\{x(t)\}$,由公式(5.3)可知其一阶矩,即均值为$\mu=m_1=E[x(t)]$,再由矩-累积量(M-C)转换公式[87]可知:

$$\begin{aligned}c_{3x}(\tau_1,\tau_2)=&E[x(t)x(t+\tau_1)x(t+\tau_2)]-E[x(t)]E[x(t+\tau_1)x(t+\tau_2)]-E[x(t+\tau_1)]E[x(t+\tau_2)x(t)]-E[x(t+\tau_2)]\\&E[x(t)x(t+\tau_1)]+2E[x(t)]E[x(t+\tau_1)]E[x(t+\tau_2)]\end{aligned} \tag{5.30}$$

考虑零时延(滞后)的3阶累积量,即令$\tau_1=\tau_2=0$,则有

$$\begin{aligned}c_{3x}(0,0)=&E[x^3(t)]-E[x(t)]E[x^2(t)]-E[x(t)]E[x^2(t)]-\\&E[x(t)]E[x^2(t)]+2E[^x(t)]3=\\&E[x^3(t)]-3\mu E[x^2(t)]+2\mu^3\end{aligned} \tag{5.31}$$

若$\mu=0$,则

$$c_{3x}(0,0)=E\left[x^{3}(t)\right] \tag{5.32}$$

张贤达将公式（5.32）定义为均值为零实信号 $\{x(t)\}$ 的斜度（skewness）[87]，即

$$S_x=E\left[x^{3}(t)\right] \tag{5.33}$$

因此，对于任一实信号，如果其斜度为零，那么该信号的 3 阶累积量恒等于零。

双谱的含义与功率谱表征的是信号能量随频率的分布相比，并不十分明确。根据公式(5.33)所描述的斜度概念，学者将双谱的物理意义解释为：信号歪度在频域上的分解[110]。从严格意义上讲，这一概念并不严谨，但它较容易体现信号双谱的特征内涵，意即在谱域上，序列的 3 阶相关可等效为一个统计平均，即由一个频率等于其他两个频率和的 3 个傅里叶变换分量乘积进行统计平均，正是这一特殊的乘积形式为双谱（bispectral）保留了相位信息[110,194]，同样地，Oppenheim 在文献中指出，对于信号波形所包含的信息，其主要是反映在该信号傅里叶变换的相位中，而非幅度中[194]。因而讲，双谱可以更好地反映出雷达信号的调制特征。

下面就典型信噪比(SNR＝15 dB)下 6 种典型雷达辐射源信号的双谱进行比较，以说明其在分类识别方面的有效性。这 6 种信号分别为 CW、LFM、BPSK、QPSK、NLFM 和 FSK。实验时，载频取 80 MHz，采样频率取 320 MHz，脉宽为 6.25 μs，LFM 的频偏为 20 MHz，BPSK 和 FSK 采用 13 位 Barker 码，QPSK 采用 16 位 Frank 码。NLFM 采用正弦频率调制，比较结果如图 5.2 所示。

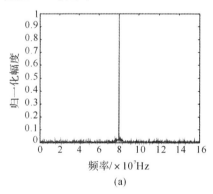
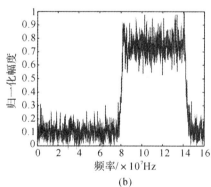

图 5.2　信号的频谱和双谱图

(a)CW 信号频谱图；　(b)LFM 信号频谱图

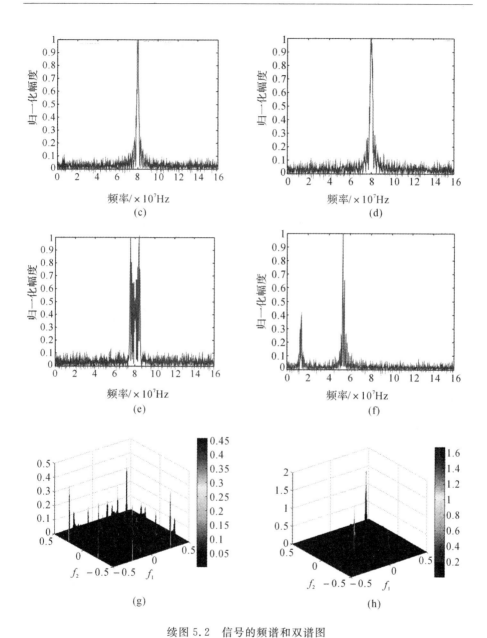

续图 5.2　信号的频谱和双谱图

（c）BPSK 信号频谱图；　（d）QPSK 信号频谱图；　（e）NLFM 信号频谱图；

（f）FSK 信号频谱图；　（g）CW 直接双谱估计；　（h）LFM 直接双谱估计

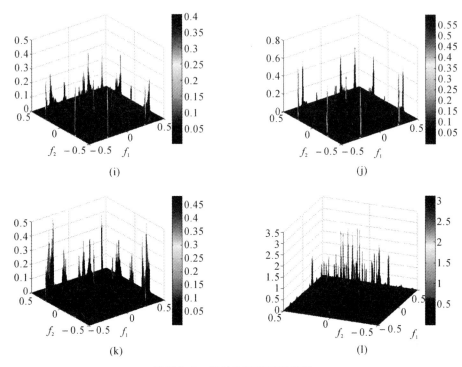

续图 5.2　信号的频谱和双谱图

(i)BPSK 直接双谱估计；　(j)QPSK 直接双谱估计；

(k)NLFM 直接双谱估计；　(l)FSK 直接双谱估计

由图可以看出，BPSK 与 QPSK 信号的频谱图几乎一致，它们都不包含相位信息，因此利用频谱图几乎不能分辨出这两种信号。而 BPSK 与 QPSK 信号的双谱图具有差异，说明双谱可以用来作为辐射源信号的区分特征。而 CW、LFM、NLFM 和 FSK 信号较 BPSK 与 QPSK 信号容易分辨，它们在双谱中的差异更明显。

考虑到双谱的二维数据量巨大，如果直接将其视为模板并进行分类识别信号，那么它的计算复杂度将会很高，因此一般使用积分双谱（IB）、选择双谱（SB）等方法用来提取信号双谱特征。

积分双谱是通过选择积分路径将信号的二维双谱转变为一维函数，这一方法可以大为降低计算量，但仍它存在两个缺点：一是积分双谱的实现通常是沿某一条路径上的积分和，而该路径上的双谱有属于平凡双谱的可能性很大；二是如果原始观测到的信号本身包含交叉项，那么如果多次利用相关函数得到的高阶累积量其交叉项将更为严重。

选择双谱是指通过某一准则,选出双谱中具有最强类可分离度的双谱,并将其作为信号的特征参数,这种方法可以避免平凡双谱点以及利用积分而造成的交叉项恶化等许多问题。为实现这一过程,可以挑选不同的类可分离度(SP, Separbility Principle)作为测度函数用以判断一个双谱值在信号分类识别中的作用。张贤达等提出了一种利用 Fisher 可分离度(SP)进行双谱选择的方法,结果表明可以取得较好结果,但是,该方法在计算时需要判断所有特征之间的两两 Fisher 可分离度,随着特征维数的增加,显然该方法的时间消耗将非常巨大[195]。针对以上几个问题,Chen 等给出了一种基于沃尔什变换(WT, Walsh Transformation)的双谱二次特征提取方法[110]。以直接估计法得到的 256×256 维的双谱幅度谱为例,在双谱矩阵中,f_s/N 按间隔(5 000/1 024)沿水平方向取平行于垂直方向的矢量,取 100 个矢量中各矢量的最大双谱值作为特征向量,可将双谱幅度谱简化为 100 维。然后经沃尔什变换后,得到 65 维 Walsh 谱线图。由此可见,沃尔什变换方法可以将特征向量进行压缩和优化,但处理后的特征向量仍然很大,从而导致分选算法的计算时间非线性地增加。

5.5　雷达辐射源信号双谱二次特征提取

针对以上问题,笔者考虑将双谱谱图和图像处理的方法研究结合起来,首先将双谱谱图进行灰度化处理,此时双谱幅度将对应图像的灰度值,然后再利用灰度图像中包含的各种特征[196],如不变矩、Zernike 矩、伪 Zernike 矩以及灰度共生矩阵等图像特征,用以表明双谱所反映出的雷达辐射源信号频率与相位信息[196]。考虑到将双谱谱图转化为灰度图像时,不可避免受到离散化的影响,因此为降低这种影响对特征稳健性的影响,减小离散误差对提取特征的影响,在转化时作者采用基于 B-样条的最小平方逼近插值方法进行转化[196]。

值得注意的是,理论上讲双谱可以完全抑制高斯有色噪声,但是在实际估计当中,由于受到数据长度、添加非有色高斯噪声等的影响,所估计出的双谱将受到不同程度噪声的影响,因此提取出的双谱二次特征也将受到噪声的一定影响。另外,后文用到的 $B(w_1, w_2)$ 表示灰度化后的双谱灰度值。

5.5.1　基于正交矩的双谱二次特征提取

在统计学中,矩是用来反映随机变量的分布情况的,将这一概念推广到力学中,那么矩可作为刻画空间物体的质量分布。类似地,考虑将图像的灰度值视为一个二维或者三维的密度分布函数,那么此时矩方法可用于图像分析领域,进一步讲,可将其用以图像特征的提取[196]。目前,矩特征已广泛应用于目标识别、景物匹配、形状分析、图像分析以及字符识别等许多方面[197-201]。图像矩不仅描述了图像全局信息,而且也可以描述图像的细节信息,通常可以分为几何矩、正交矩、复数矩和旋转矩等几种。在各种类型的矩中,几何矩对简单图像有一定的描述能力,而正交矩在描述图像时具有信息冗余度小的优点,同时正交矩不仅有反变换,而且反变换的形式简单,因而应用非常广泛。

首先考察矩的定义。对于二维连续函数 $f(x,y)$,$(p+q)$ 阶矩定义为

$$m_{pq} = \int_{-\infty}^{+\infty} \int_{-\infty}^{+\infty} x^p y^q f(x,y) \mathrm{d}x \mathrm{d}y \tag{5.34}$$

式中,$p,q = 0,1,2,\cdots,p,q$ 为整数,称 $(p+q)$ 为矩的阶。由于 p 和 q 可取到所有非负整数,那么它就形成了一个矩的无限集,而且这一集合完全可以确定函数 $f(x,y)$ 本身,意即集合 $\{m_{pq}\}$ 对于函数 $f(x,y)$ 是唯一的[196],也只有 $f(x,y)$ 才具有这种特定的矩集。

1. 不变矩特征

文献[191]将双谱看作二维密度分布函数,利用 Hu-不变矩进行双谱的特征提取。Hu-不变矩是由 Hu[202] 在1962年提出的,其基本概念如下所述。

对于二维图像来讲,零阶矩表示图像的"质量",即

$$m_{00} = \int_{-\infty}^{+\infty} \int_{-\infty}^{+\infty} f(x,y) \mathrm{d}x \mathrm{d}y \tag{5.35}$$

m_{10} 表示物体上所有点的 x 坐标的总和,m_{01} 表示物体上所有点的 y 坐标的总和,令 $\overline{x} = \overline{m}_{10}/\overline{m}_{00}$,$\overline{y} = \overline{m}_{01}/\overline{m}_{00}$,则 $(\overline{x},\overline{y})$ 表示质心的坐标,即一阶矩用于确定图像的质心。则图像 $f(x,y)$ 的 $(p+q)$ 阶中心矩可定义为

$$\overline{m}_{pq} = \int_{-\infty}^{+\infty} \int_{-\infty}^{+\infty} (x-\overline{x})^p (y-\overline{y})^q f(x,y) \mathrm{d}x \mathrm{d}y \tag{5.36}$$

双谱 $B(w_1,w_2)$ 的中心矩定义为

$$u_{pq} = \sum_{w_1=0}^{N-1} \sum_{w_2=0}^{N-1} (w_1-\overline{w}_1)^p (w_2-\overline{w}_2)^q B(w_1,w_2) \tag{5.37}$$

其中,$\overline{w}_1 = u_{10}/u_{01}$,$\overline{w}_2 = u_{01}/u_{10}$。

$(p+q)$ 阶归一化的中心矩 u_{pq} 定义为

$$\eta_{pq} = \frac{u_{pq}}{u_{00}^{\gamma}}, \quad \gamma = \frac{p+q}{2} + 1 \tag{5.38}$$

利用 $(p+q)$ 阶的归一化的中心矩,可以获得对平移、镜像、缩放以及旋转全部敏感的七个不变矩,称其为 Hu-不变矩,其定义如下[202]:

当 $p+q=2$ 时：

$$\varphi_1 = \eta_{20} + \eta_{02} \tag{5.39}$$

$$\varphi_2 = (\eta_{20} - \eta_{02})^2 + 4\eta_{11}^2 \tag{5.40}$$

当 $p+q=3$ 时：

$$\varphi_3 = (\eta_{30} - 3\eta_{12})^2 + (3\eta_{21} - \eta_{03})^2 \tag{5.41}$$

$$\varphi_4 = (\eta_{30} + \eta_{12})^2 + (\eta_{21} + \eta_{03})^2 \tag{5.42}$$

$$\varphi_5 = (\eta_{30} - 3\eta_{12})(\eta_{30} + \eta_{12})[(\eta_{30} + \eta_{12})2 - 3(\eta_{21} + \eta_{03})2] +$$
$$(3\eta_{21} - \eta_{03})(\eta_{21} + \eta_{03})[3(\eta_{30} + \eta_{12})2 - (\eta_{21} + \eta_{03})2] \tag{5.43}$$

$$\varphi_6 = (\eta_{20} - \eta_{02})[(\eta_{30} + \eta_{12})^2 - (\eta_{21} + \eta_{03})^2] + 4\eta_{11}(\eta_{21} + \eta_{03})(\eta_{30} + \eta_{12})$$
$$\tag{5.44}$$

$$\varphi_7 = (3\eta_{21} - \eta_{03})(\eta_{30} + \eta_{12})[(\eta_{30} + \eta_{12})2 - 3(\eta_{21} + \eta_{03})2] +$$
$$(\eta_{30} - 3\eta_{12})(\eta_{21} + \eta_{03})[3(\eta_{30} + \eta_{12})2 - (\eta_{21} + \eta_{03})2] \tag{5.45}$$

将双谱 Hu-不变矩组成双谱谱图的特征向量,即

$$\boldsymbol{F}_\varphi = [\varphi_1, \varphi_2, \varphi_3, \varphi_4, \varphi_5, \varphi_6, \varphi_7] \tag{5.46}$$

本章在后面实验中验证了该方法的有效性,但是由公式(5.34)可知,Hu-不变矩可视为 $f(x,y)$ 单项式 $x^p y^q$ 在基函数上的投影,但是,这些单项式并非正交,意即构造 Hu-不变矩的基并不是来源于正交的函数族[196],那么从信息冗余的观点来看,几何矩特征并非最优,另外 Hu-不变矩的高阶矩(HM,Higher Moments)(三阶)对噪声相当敏感[203],所以本章提取出信息冗余度(IR,Information Redundancy)和对噪声敏感性都较小的正交矩(OM,Orthogonal Moments)用以表征雷达辐射源信号双谱信息[196]。

2. Zernike 矩特征

由于正交矩(OM)具有如下两个特性:一是具有反变换;二是利用正交矩描述的图像具有最少的信息冗余度;因此,较之其他类型的矩有更广泛的应用[196,204]。 根据对几种矩的综合分析表明,Zernike 矩(ZM,Zernike Moments)和伪 Zernike(PZM,Pseudo-Zernike Moments)矩具有最优的综合性能,也具有很好的图像信息表达能力以及相对较小的噪声敏感性,因此受到的较为广泛应用[196,205]。这里首先对 Zernike 矩进行分析。

Zernike 矩是基于 Zernike 多项式正交函数的一种复数矩(CM,Complex Moments),它是一种基于区域的形状描述算子,因此可以描述目标区域的灰度分布特性与边界形状[196],正因如此,Zernike 矩更适合描述具有复杂边界的目标[206]。具有重复度为 q 的 p 阶 Zernike 多项式可定义为

$$V_{pq}(x,y) = V_{pq}(\rho, \theta) = R_{pq}(\rho) e^{jq\theta} \tag{5.47}$$

式中,(ρ,θ) 在单位圆上定义,像素到原点的矢量极径表示为 $\rho = \sqrt{x^2+y^2}$,ρ 与 x 轴的夹角表示为 $\theta = \arctan(y/x)$,其中 p 是非负整数,而 q 表示一个整数[196],其服从约束条件:$p-|q|$ 是偶数;$|q| \leqslant p$。$R_{pq}(\rho)$ 表示一个实数值的径向多项式,由下式确定:

$$R_{pq}(\rho) = \sum_{s=0}^{(p-|q|)/2} \frac{(-1)^s \left[(p-s)!\right] \rho^{p-2s}}{s! \left(\dfrac{p+|q|}{2}-s\right)! \left(\dfrac{p-|q|}{2}-s\right)!} \quad (5.48)$$

其中,$R_{pq}(\rho) = R_{p,-q}(\rho)$。

在单位圆 $x^2+y^2 \leqslant 1$ 内部,Zernike 多项式形成一个完全正交集,该正交集具有如下正交条件:

$$\iint_{x^2+y^2=1} V_{pq}^*(x,y)V_{lk}(x,y)\mathrm{d}x\mathrm{d}y = \int_0^{2\pi}\int_0^1 V_{pl}^*(\rho,\theta)V_{qk}(\rho,\theta)\rho\mathrm{d}\rho\mathrm{d}\theta =$$

$$\frac{\pi}{p+1}\delta_{lp}\delta_{kq} \quad (5.49)$$

此时称 $V_{pq}(x,y)$ 为 Zernike 矩的核,δ_{ab} 表示 Kronecker 符号,当 $a=b$ 时 $\delta_{ab}=0$,否则为 1,符号"$*$"表示复共轭。

又由式(5.48)可知 $R_{pq}(\rho)$ 具有以下性质:

$$R_{pq}(1) = 1, \quad R_{pq}(\rho) = \rho^2, \quad R_{00}(\rho) = 1 \quad (5.50)$$

根据 Zernike 多项式的定义,Teague[207] 将函数 $f(x,y)$ 的 p 阶 Zernike 矩定义为

$$Z_{pq} = \frac{p+1}{\pi}\iint_{x^2+y^2 \leqslant 1} f(x,y)V_{pq}^*(x,y)\mathrm{d}x\mathrm{d}y \quad (5.51)$$

利用 Zernike 矩提取双谱谱图的特征向量,此时 Zernike 矩的计算方法为

$$Z_{pq} = \frac{p+1}{\pi}\sum_{w_1}\sum_{w_2} B(w_1,w_2)V_{pq}^*(w_1,w_2), \quad w_1+w_2 \leqslant 1 \quad (5.52)$$

其中,$B(w_1,w_2)$ 取到所有谱图灰度图像的灰度值,当计算灰度图像的相应矩时,其原点以幅图中心,而幅度则被映射到单位圆 $w_1+w_2 \leqslant 1$ 内,当幅度落在单位圆外时则不予以不考虑[196]。计算时可利用 $V_{pq}^*(w_1,w_2) = V_{pq}^*(\rho,\theta) = R_{pq}(\rho)\mathrm{e}^{\mathrm{j}q\theta}$ 进行变换,此时 $\rho = \sqrt{w_1^2+w_2^2}$,$\theta = \arctan(w_2/w_1)$。

Zernike 矩是一种正交分解方法,不同阶的 Zernike 矩分别包含了图像的细节与总体信息,因此不同阶的 Zernike 矩可以方便提取不同层次的图像特征,另一方面,考虑到 Zernike 矩采用正交径向多项式作为基,因此 Zernike 矩所提取的特征冗余性小、相关性小且抗噪声能力强[196]。基于以上考虑,同时经大量实验,本章取下列各阶 Zernike 矩可以较好表征辐射源信号双谱谱图

的特征向量,即

$$\boldsymbol{F}_Z = [Z_{11}, Z_{22}, Z_{31}, Z_{33}, Z_{42}, Z_{44}, Z_{51}, Z_{53}, Z_{55}, Z_{62}, Z_{64}, Z_{66}] \quad (5.53)$$

尽管 Zernike 矩具有较高计算复杂度,但考虑到其在特征表征能力与噪声敏感度方面较几何矩具有明显优势而受到普遍应用[196,208],Mukundan[209]、徐旦华等[204] 等基于不同角度研究了 Zernike 矩的快速算法。本章利用 Zernike 多项式的迭代性质[204] 来快速计算 Zernike 矩[196]。

3. 伪 Zernike 矩特征

伪 Zernike 矩具有正交矩所具备的所有优良特性,同时它具有与 Zernike 矩相似的性质,与之不同的是,伪 Zernike 矩(PZM)具有更好的抗噪声性能和图像重建能力[204]。低阶伪 Zernike 矩(PZM)包含图像的轮廓信息,而高阶 PZM 则包含细节信息。PZM 的阶数越高,重构出来的图像越接近于原始图像[196]。因此本章同样提取出双谱的 Zernike 矩特征来进行分类识别辐射源信号。

Teh[205] 提出与 Zernike 多项式相似的一组正交多项式,构造了新的正交矩,即伪 Zernike 矩。对于一连续函数 $f(x,y)$,其重复度为 q 的 p 阶伪 Zernike 矩定义为

$$P_{pq} = \frac{p+1}{\pi} \iint_{x^2+y^2 \leqslant 1} f(x,y) V_{pq}^*(x,y) \mathrm{d}x \mathrm{d}y \quad (5.54)$$

式中,$V_{pq}(x,y)$ 称为 p 阶伪 Zernike 多项式,它满足下式:

$$V_{pq}(x,y) = V_{pq}(\rho,\theta) = R_{pq}(\rho)\mathrm{e}^{\mathrm{j}q\theta} \quad (5.55)$$

其中

$$R_{pq}(\rho) = \sum_{s=0}^{p-|q|} \frac{(-1)^s[(2p+1-s)!]\rho^{p-s}}{s!\,(p-|q|-s)!\,(p+|q|+1-s)!} \quad (5.56)$$

式中,p 是非负整数;q 表示一个满足 $|q| \leqslant p$ 的整数。

由式(5.54)可知伪 Zernike 矩与 Zernike 矩具有相同的定义形式,且其同样满足式(5.49)所描述的正交性。事实上,二者区别仅在于正交多项式和参数 q 的取值不同。

基于此,本章利用伪 Zernike 矩提取双谱谱图的特征向量,此时谱图的伪 Zernike 矩形式与式(5.52)相同,若用极坐标表示,则为

$$P_{pq} = \frac{p+1}{\pi} \sum_{\rho} \sum_{\theta} B(\rho,\theta) \rho V_{pq}^*(\rho,\theta) =$$

$$\frac{p+1}{\pi} \sum_{\rho} \sum_{\theta} B(\rho,\theta) R_{pq}(\rho)\rho\mathrm{e}^{-\mathrm{j}q\theta}, \rho \leqslant 1, \quad 0 \leqslant \theta \leqslant 2\pi$$

$$(5.57)$$

式中，$\rho=\sqrt{w_1^2+w_2^2}$，$\theta=\arctan(w_2/w_1)$。

与 Zernike 矩类似，$B(\rho,\theta)$ 取到了所有谱图灰度图像的灰度值，同样地，计算图像相应矩时以幅图中心为原点，幅度需要被映射到单位圆 $w_1+w_2\leqslant1$ 内，如果落在单位圆之，则对该幅度不予考虑[196]。

对于辐射源信号的双谱而言，经大量实验证明，不高于重复度为 5 的 5 阶伪 Zernike 矩特征就可以获得较好的分类识别率，因此，取下列各阶伪 Zernike 矩用以表征辐射源信号双谱谱图的特征向量，即

$$\boldsymbol{F}_P=[\begin{matrix} P_{11} & P_{21} & P_{22} & P_{31} & P_{32} & P_{33} & P_{41} & P_{42} \end{matrix}$$
$$\begin{matrix} P_{43} & P_{44} & P_{51} & P_{52} & P_{53} & P_{54} & P_{55} \end{matrix}] \tag{5.58}$$

考虑到伪 Zernike 矩特征计算时所消耗时间主要集中在两个方面，即伪 Zernike 多项式的计算和伪 Zernike 矩多项式求和时的正、余弦运算，Chong[210]、夏婷[211] 等对前者提出了不同的解决方法，黄荣兵[212] 等利用 Clenshaw 递推公式实现了伪 Zernike 矩多项式求和的快速计算，此处结合夏婷和黄荣兵等提出的方法进行伪 Zernike 矩特征的计算。

5.5.2 基于双谱灰度共生矩阵的双谱二次特征提取

作为一种全局特征，纹理特征（TF，Texture Feature）描述的是图像区域或图像所对应景物面上的性质，它并非基于灰度值的特征。纹理特征（TF）需要在包含多个灰度值区域中进行统计计算。这种区域性的特征在模式匹配中具有很大的优越性，该优越性表现在 TF 不会由于局部的偏差而无法匹配成功。纹理特征（TF）作为一种统计特征具有较强的抗噪声能力[196,213]。

作为统计方法的典型代表，基于灰度共生矩阵的纹理特征分析方法能够精确反映出纹理的粗糙程度与重复方向，利用这种分析方法可以分析和描述遥感、地理信息、皮肤等纹理图像以及 SAR[196,214-217]。下面对其进行分析，以提取双谱灰度图像的二次特征。

1. 灰度共生矩阵特征描述

作为一种用来分析图像纹理特征的重要方法，灰度共生矩阵（GLCM，Gray Level Co-occurrence Matrix）[218] 是建立在估计图像的二阶组合条件概率密度函数（PDF，Probability Density Function）基础上的，GLCM 通过对图像中有一定距离与一定方向的，两点灰度之间的相关性进行计算[196]，完成对图像的所有像素的调查统计，这些统计信息反映出图像在间隔、方向、变化快慢及幅度上的综合信息[219]。

GLCM 描述了以下概念：给定一幅图像，在 θ 方向上，距离为 d 的一对图

像像元分别具有 i 和 j 的灰度出现概率。这一概率具体定义为：假设一幅图像在 X 轴方向与 Y 轴方向上分别具有 N_x 和 N_y 个像素，且其灰度级为 N_g。水平和垂直空间域分别表示为 $L_x=\{1,2,\cdots,N_x\}$ 和 $L_y=\{1,2,\cdots,N_y\}$，像素的灰度量化集表示为 $G=\{1,2,\cdots,N_g\}$。图像的像素集表示为 $L_x \times L_y$，对于图像函数 f，$f:L_x \times L_y \rightarrow G$，表明每一像素值的灰度值都源于集合 G[196]。

设 $f(x,y)$ 表示一副图像，如果将 θ 方向上，距离为 d 且分别具有 i 和 j 灰度的一对图像像元出现的概率记为 $p(i,j,d,\theta)$，则有[196]

$$p(i,j,d,\theta)=\text{count}\{((x_1,y_1),(x_2,y_2)) \mid (x_1,y_1),(x_2,y_2) \in (L_x \times L_y),$$
$$(x_2,y_2)=(x_1,y_1)+(d\cos\theta,d\sin\theta),$$
$$f(x_1,y_1)=i,f(x_2,y_2)=j,0 \leqslant i,j < N_g\} \tag{5.59}$$

式中，$\text{count}\{\cdot\}$ 表示集合中满足条件的像素对的数量；d 表示像素对间的距离；θ 表示像素对刻面直线与水平方向的夹角。显然有 $p(i,j,d,\theta)=p(j,i,d,\theta)$。

共生矩阵 $\boldsymbol{M}_{\text{glcm}}$ 可表示为

$$\boldsymbol{M}_{\text{glcm}}=\{p(i,j,d,\theta),i,j \in \{1,2,\cdots,N_g\}\} \tag{5.60}$$

式中，$p(i,j,d,\theta)$ 表示 $\boldsymbol{M}_{\text{glcm}}$ 中的第 i 行、第 j 列元素。

2. 灰度共生矩阵（GLCM）纹理特征

对于给定的 θ 和 d，将 $p(i,j,d,\theta)$ 简记为 $p(i,j)$。在进行纹理特征提取时，需要先正规化处理共生矩阵，即

$$p(i,j) \Leftarrow p(i,j)/R \tag{5.61}$$

式中，符号"$\Leftarrow$"表示赋值，R 表示正规化常数。当 $d=1$，$\theta=0°$ 或 $90°$ 时，$R=2N_y(N_x-1)$，$\theta=45°$ 或 $135°$ 时，$R=2(N_y-1)(N_x-1)$。

令

$$p_x(i)=\sum_{j=1}^{N_g} p(i,j),\quad i=1,2,\cdots,N_g$$

$$p_y(j)=\sum_{i=1}^{N_g} p(i,j),\quad j=1,2,\cdots,N_g$$

$$p_{x+y}(k)=\sum_{i=1}^{N_g}\sum_{j=1}^{N_g} p(i,j),\quad k=2,3,\cdots,2N_g$$

$$p_{x-y}(k)=\sum_{i=1}^{N_g}\sum_{j=1}^{N_g} p(i,j),\quad k=0,1,\cdots,N_g-1$$

则可定义以下双谱灰度共生矩阵（GLCM）纹理特征[218,220,221]。

（1）自相关（autocorrelation）：

$$f_1 = \sum_{i=1}^{N_g} \sum_{j=1}^{N_g} ij\, p(i,j) \tag{5.62}$$

（2）对比度（contrast）：

$$f_2 = \sum_{n=0}^{N_g-1} n^2 \left\{ \sum_{i=1}^{N_g} \sum_{j=1}^{N_g} p(i,j) \mid \mid i-j \mid = n \right\} \tag{5.63}$$

（3）正归化逆差（inverse difference normalized）：

$$f_3 = \sum_{i=1}^{N_g} \sum_{j=1}^{N_g} \frac{1}{1+\mid i-j \mid / N_g} p(i,j) \tag{5.64}$$

（4）相关（correlation）：

$$f_4 = \left\{ \sum_{i=1}^{N_g} \sum_{j=1}^{N_g} ij\, p(i,j) - \mu_x \mu_y \right\} / \delta_x \delta_y \tag{5.65}$$

式中，μ_x 和 δ_x 为 $p_x(i)$ 的均值和方差，μ_y 和 δ_y 为 $p_y(i)$ 的均值和方差，分别定义为

$$\left. \begin{aligned} \mu_x &= \sum_{i=1}^{N_g} \sum_{j=1}^{N_g} i\, p(i,j), \quad \delta_x = \sum_{i=1}^{N_g} \sum_{j=1}^{N_g} (i-\mu_x)^2 p(i,j) \\ \mu_y &= \sum_{i=1}^{N_g} \sum_{j=1}^{N_g} j\, p(i,j), \quad \delta_y = \sum_{i=1}^{N_g} \sum_{j=1}^{N_g} (j-\mu_y)^2 p(i,j) \end{aligned} \right\} \tag{5.66}$$

式中，$i,j = 1,2,\cdots,N_g$。

（5）簇凸出（cluster prominence）：

$$f_5 = \sum_{i=1}^{N_g} \sum_{j=1}^{N_g} (i+j-\mu_x-\mu_y)^4 p(i,j) \tag{5.67}$$

（6）簇阴影（cluster shade）：

$$f_6 = \sum_{i=1}^{N_g} \sum_{j=1}^{N_g} (i+j-\mu_x-\mu_y)^3 p(i,j) \tag{5.68}$$

（7）非相似性（dissimilarity）：

$$f_7 = \sum_{i=1}^{N_g} \sum_{j=1}^{N_g} \mid i-j \mid p(i,j) \tag{5.69}$$

（8）能量（energy）：

$$f_8 = \sum_{i=1}^{N_g} \sum_{j=1}^{N_g} \left[p(i,j) \right]^2 \tag{5.70}$$

（9）熵（entropy）：

$$f_9 = -\sum_{i=1}^{N_g} \sum_{j=1}^{N_g} p(i,j) \lg [p(i,j)] \tag{5.71}$$

（10）逆差矩（inverse difference moment）：

$$f_{10} = \sum_{i=1}^{N_g} \sum_{j=1}^{N_g} \frac{1}{1+(i-j)^2} p(i,j) \tag{5.72}$$

（11）正归化逆差矩（inverse difference moment normalized）：

$$f_{11} = \sum_{i=1}^{N_g} \sum_{j=1}^{N_g} \frac{1}{1+[(i-j)/N_g]^2} p(i,j) \tag{5.73}$$

（12）最大概率（maximum probability）：

$$f_{12} = \max_{i,j} p(i,j) \tag{5.74}$$

（13）方差（variance）：

$$f_{13} = \sum_{i=1}^{N_g} \sum_{j=1}^{N_g} (i-u)^2 p(i,j) = \sum_{i=1}^{N_g} (i-u)^2 p_x(i) \tag{5.75}$$

式中，u 表示 $p(i,j)$ 的均值；

（14）和平均（sum average）：

$$f_{14} = \sum_{i=2}^{2N_g} i p_{(x+y)}(i) \tag{5.76}$$

（15）和方差（sum variance）：

$$f_{15} = \sum_{i=2}^{2N_g} (i-f_6)^2 p_{(x+y)}(i) = \sum_{i=2}^{2N_g} \left(i - \sum_{i=2}^{2N_g} i p_{(x+y)}(i)\right)^2 p_{(x+y)}(i) \tag{5.77}$$

（16）和熵（sum entropy）：

$$f_{16} = \sum_{i=2}^{2N_g} p_{(x+y)}(i) \lg [p_{(x+y)}(i)] \tag{5.78}$$

当 $p_{(x+y)}(i) = 0$ 时，$\lg [p_{(x+y)}(i)]$ 无意义，此时以 $\lg [p_{(x+y)}(i) + \varepsilon]$ 代替 $\lg [p_{(x+y)}(i)]$，ε 为任意小整数。

（17）差方差（difference variance）：

$$f_{17} = \sum_{k=0}^{N_g-1} \left\{ \left[k - \sum_{i=0}^{N_g-1} i p_{(x-y)}(i)\right]^2 p_{(x-y)}(k) \right\} \tag{5.79}$$

（18）差熵（difference entropy）：

$$f_{18} = -\sum_{i=0}^{N_g-1} p_{(x-y)}(i) \lg [p_{(x-y)}(i)] \tag{5.80}$$

(19) 相关信息测度(information measure of correlation)：

$$f_{19} = \frac{H_{xy} - H_{xy1}}{\max(H_x, H_y)} \tag{5.81}$$

$$f_{20} = \left\{1 - \exp\left[-20(H_{xy2} - H_{xy})\right]\right\}^{\frac{1}{2}} \tag{5.82}$$

式中，H_x 为 p_x 的熵；H_y 为 p_y 的熵，且

$$H_{xy} = -\sum_{i=1}^{N_g}\sum_{j=1}^{N_g} p(i,j)\log[p(i,j)]$$

$$H_{xy1} = -\sum_{i=1}^{N_g}\sum_{j=1}^{N_g} p(i,j)\log[p_x(i)p_y(j)] \tag{5.83}$$

$$H_{xy2} = -\sum_{i=1}^{N_g}\sum_{j=1}^{N_g} p_x(i)p_y(j)\log[p_x(i)p_y(j)]$$

3. 双谱灰度共生矩阵特征(GLCM)提取方法

首先考虑生成 GLCM 时的计算复杂度。由式(5.59)可知，生成 GLCM 的近似计算复杂度为 $O((M-d_1)(N-d_2))$，其中 M 和 N 分别表示图像水平方向和垂直方向的像元个数，d_1 和 d_2 分别表示这两个方向的步长。一方面，计算时间显然会随步长的减小而增大；另一方面，考虑到通常取 $0°$、$45°$、$90°$ 和 $135°$ 作为显著方向，因此当 $\theta = 0°$ 或 $90°$ 时，近似计算复杂度为 $O(M-d_1)$ 或 $O(N-d_2)$，当 $\theta = 45°$ 或 $135°$ 时，复杂度为 $O((M-d_1)(N-d_2))$。

利用 GLCM 提取纹理时，预处理和参数设置对计算量和特征的有效性具有较大影响，下面对其影响及如何选择参数进行分析。

(1) 图像矩阵大小对特征参数的影响。在由双谱谱图生成 GLCM 时，图像矩阵应当保持大小一致，否则生成的 GLCM 缺乏横向比较的意义，严重影响聚类结果。因此在求取雷达信号双谱时应对信号进行重采样操作，从而生成具有相同维数的灰度共生矩阵(GLCM)。

(2) 共生矩阵方向对特征参数的影响。在采用共生矩阵方法提取纹理特征时，如果提取特征是从各个可能方向的共生矩阵进行的，并通过这些特征构来造纹理特征向量，则特征提取过程不但涉及的计算量相当大，而且在计算相似性度量时涉及的计算量也很大。一般情况下为减小计算量，通常取 4 个显著方向为 $0°$、$45°$、$90°$ 和 $135°$，纹理特征的提取仅在这些方向的共生矩阵中进行[196,222]。

(3) 灰度级选择对特征参数的影响。图像的灰度级反映了图像的清晰程度，N_g 灰度级越大，则表明图像越清晰，同时较大的 N_g 越能真实反映图像本

身的信息。然而,较大的灰度级会导致维数较大的灰度共生矩阵(GLCM),也必定会增加提取纹理特征时的计算复杂度[196];如果对 GLCM 进行灰度级压缩,则又会导致灰度级仅仅分布在更狭窄的范围内,这样对理想样本特征的获取很不利[196]。因此,选取灰度级时要兼顾这两方面的因素。考虑到由谱图转化而来的图像共生矩阵维数较大,因此,在生成维数时首先将图像进行灰度级离散化,根据直方图均衡化预先将灰度级压缩,并通过实验选择恰当灰度级,以兼顾计算复杂度与特征的类内聚集、类间分离性两方面。文章通过大量实验发现,当灰度级取为 32 时,灰度共生矩阵特征的分类能力与更大的灰度级数相比并没有较大差异,而再降低到 16 时,其分类识别能力明显降低,因而在后文实验中图像的灰度级取为 32。

(4)步长选取对特征参数具有的影响。灰度矩阵两个采样像素点间的距离由生成步长 d 决定,生成步长取值变化将对灰度矩阵产生很大影响。对纹理比较细腻的图像来讲,如果生成步长与纹理基元幅度的大小相差较小的话,那么灰度共生矩阵(GLCM)中大数值元素将比较均匀地分布。但是对纹理比较粗糙的图像来讲,其纹理基元较大,如果生成步长 d 与纹理基元的幅度相比较小的话,那么此时位于 d 两端的灰度就很有可能相近,此时灰度共生矩阵(GLCM)中的大数值元素将在矩阵对角线附近集中分布[196];因而选择合适的生成步长 d 需要视不同的研究对象而定。生长步长 d 选取与灰度层数选取的原则类似,正确的步长选取即值能降低计算复杂度,又可以较好反映谱图特征。仿真分析时将分别选取 $d=1,d=2$ 和 $d=3$ 进行实验。

综合以上分析,这里给出基于 GLCM 纹理特征的双谱提取方法,如下所述:

步骤 1　求取雷达辐射源信号的双谱;

步骤 2　对双谱谱图进行去除噪声、图像增强、灰度量化等预处理;

步骤 3　选取适当的步长 d;

步骤 4　对每一幅灰度图像构造灰度共生矩阵;

步骤 5　根据 GLCM 计算上面提到的 20 个双谱纹理特征,得到表示双谱图像的纹理特征向量,从而可得到如下式所示可用于分类聚类雷达信号的特征向量:

$$\boldsymbol{F}_G = \begin{bmatrix} f_1 & f_2 & \cdots & f_{20} \end{bmatrix} \tag{5.84}$$

值得注意的是,相对于在每个显著方向上得到的纹理特征,将对 4 个显著方向 0°、45°、90°和 135°求得的 GLCM 取平均,然后再求解纹理特征时能够获得较好的分类识别率,后面通过实验验证了这一点。

5.6　仿真实验与分析

与在第 4 章中设置的仿真参数相同,即选择 6 种雷达信号进行仿真实验,分别为 CW、LFM、NLFM、BPSK、QPSK 和 FSK。载频同样取 850 MHz,采样频率取 2.4 GHz,脉宽为 10.8 μs,LFM 的频偏为 45 MHz,NLFM 采用正弦频率调制,BPSK 采用 31 位伪随机码,QPSK 采用 Huffman 码,FSK 采用 Barker 码。对每一种雷达信号在 0～20 dB 的信噪比范围内,每一信号每隔 5 dB 产生 100 个样本,总共为 500 个样本。本章仍然利用分类性能较好的支持向量机(SVM)来进行分类识别实验,对每种特征集都采取重复 100 次实验的措施来进行分类识别率的统计[196]。首先验证 Zernike 矩和伪 Zernike 矩特征的有效性,并对 Hu -不变矩的分类识别效果进行实验用以比较,其分类识别的统计结果分别如表 5.1、表 5.2 和表 5.3 所示。

表 5.1　用双谱 Hu -不变矩(IM)特征分类识别的结果

单位:(%)

调制方式	0 dB	5 dB	10 dB	15 dB	20 dB	平均识别率
CW	60.50	62.73	86.53	88.42	92.54	78.70
LFM	83.39	88.58	90.27	90.32	98.63	90.39
BPSK	10.34	20.41	48.50	53.42	68.53	40.33
QPSK	24.49	34.46	36.45	44.56	52.71	38.63
FSK	76.54	76.62	84.58	81.39	84.50	80.80
NLFM	68.33	80.46	92.59	100	100	88.38
平均识别率	54.01	60.59	73.79	76.40	82.90	—

表 5.2　用双谱 Zernike 矩(ZM)特征分类识别的结果

单位:(%)

调制方式	0 dB	5 dB	10 dB	15 dB	20 dB	平均识别率
CW	82.34	86.48	92.36	96.60	100	91.74
LFM	100	100	100	100	100	100
BPSK	61.63	68.53	64.63	70.35	82.64	69.37

续 表

调制方式	0 dB	5 dB	10 dB	15 dB	20 dB	平均识别率
QPSK	59.39	62.36	60.36	66.75	88.38	67.31
FSK	88.73	96.27	96.57	100	96.36	95.65
NLFM	62.43	88.51	100	100	100	90.28
平均识别率	75.17	83.79	85.39	89.05	94.72	—

表 5.3 用双谱伪 Zernike 矩(PZM)特征分类识别的结果

单位:(%)

信号类别	0 dB	5 dB	10 dB	15 dB	20 dB	平均识别率
CW	78.47	85.64	94.45	94.39	98.46	90.22
LFM	92.37	100	100	100	100	98.47
BPSK	63.51	68.44	70.92	80.36	90.57	74.96
QPSK	69.32	67.36	76.52	84.92	91.13	77.25
FSK	78.41	86.38	98.47	100	100	92.76
NLFM	80.60	96.30	100	100	100	95.38
平均识别率	77.20	84.71	89.64	92.53	96.63	—

由表 5.1,表 5.2 和表 5.3 可以得出以下结论:

(1)用 Hu-不变矩(IM)提取双谱二次特征时,在 SNR=15 dB 的典型信噪比下其平均分类识别率为 76.40%,这一结果表明了 Hu-不变矩(IM)双谱二次特征的有效性,而双谱 Zernike 矩(ZM)和伪 Zernike 矩(PZM)特征在上述信噪比下分别取得了 89.05% 和 92.53% 的平均分类识别率,其结果明显高于利用 Hu-不变矩(IM)所得到的分类识别结果,从而证明双谱 ZM 和 PZM 二次特征可以更好地表正表征辐射源信号的特征信息。

(2)表 5.2 的结果显示,双谱 Zernike 矩(ZM)得到的 LFM 信号具有最好的特征聚集性,因而取得了最好的识别效果,达到 100%,BPSK 和 QPSK 辐射源信号分类识别正确率较差,其根源在于,在双谱图中 BPSK 和 QPSK 信号的细微差别受噪声影响较为明显,因此由灰度图像提取的 Zernike 矩(ZM)特征对二者的差异不能很好地分辨。但即使这样,BPSK 和 QPSK 辐射源信号仍取得了高于 67% 的平均识别率,较 Hu-不变矩特征高出约 27%。

(3)对照表 5.2 和 5.3 可以看出,双谱 Zernike 矩与伪 Zernike 矩特征对于信号特征的表征能力接近,但是伪 Zernike 具有较好的平均识别率。这说明伪 Zernike 特征可以获得更精确的信号特征,同时噪声对它的影响要小于 Zernike 矩特征。

然后验证双谱灰度共生矩阵(GLCM)特征用于分类识别时的有效性。在不同信噪比下,对 4 个显著方向的共生矩阵进行平滑后的特征分类能力进行实验,同时分别取 0°、45°、90° 和 135° 作为显著方向进行对比实验,实验时每一显著方向取三个步长,即分别取 $d=1,d=2$ 和 $d=3$,分类识别的统计结果见表 5.4。

表 5.4　用双谱灰度共生矩阵(GLCM)特征分类识别的结果

步长	方向	0 dB	5 dB	10 dB	15 dB	20 dB	平均识别率
$d=1$	0°	71.33	75.33	79.33	83.33	91.00	80.06
	45°	66.33	76	82.33	82.85	90.00	79.53
	90°	64.67	77	78.33	83.49	91.33	79.00
	135°	68.00	77.33	83.00	83.67	86.71	79.67
	平滑后	73.45	80.39	83.99	86.01	93.25	83.42
$d=2$	0°	69.33	72.67	74.00	79.00	89.16	76.83
	45°	67.00	73.33	75.67	79.00	88.33	76.67
	90°	60.00	74.33	73.33	72.33	89.62	73.92
	135°	60.67	73.67	79.33	82.67	87.33	76.73
	平滑后	71.33	76.67	79.33	83.67	90.33	80.27
$d=3$	0°	66.33	70.33	77.00	79.67	88.33	76.33
	45°	67.00	69.33	78.67	79.67	89.33	76.80
	90°	68.67	69.33	79.33	82.00	85.00	76.87
	135°	63.33	67.33	80.00	79.33	88.67	75.73
	平滑后	70.67	76.67	80.00	84.00	90.33	80.33

表 5.4 中的结果表明,对于不同的步长,对 4 个显著方向的 GLCM 进行平滑后再提取特征,其分类识别效果要好于单独利用某一显著方向下的矩阵

所提取的特征。同时,与前面理论分析一致,当 $d=1$ 时取得的分类识别效果最佳,其原因在于:辐射源信号双谱灰度图像中反映相位信息跳变的像素限于很小的区域内,如果步长过长,则统计时可能包含其他信息,使得相位信息不能很好地得以分辨。

表 5.5 列出了 $d=1$ 时平滑后的 GLCM 纹理特征对每一类信号的分类识别情况。

表 5.5　用双谱平滑灰度共生矩阵(GLCM)特征分类识别的结果

单位:(%)

调制方式	0 dB	5 dB	10 dB	15 dB	20 dB	平均识别率
CW	88.53	92.47	96.54	98.51	100	95.29
LFM	89.44	96.52	100	100	100	97.27
BPSK	49.47	55.48	56.45	61.63	81.47	60.98
QPSK	46.42	52.47	62.45	68.50	86.47	63.37
FSK	75.48	85.41	88.55	87.45	91.58	85.82
NLFM	91.38	100	100	100	100	98.28
平均识别率	73.45	80.39	83.99	86.01	93.25	—

由表 5.5 可以看出,双谱平滑 GLCM 特征较 Hu-不变矩特征也取得了更好的分类识别效果,且对于 CW、LFM 和 NLFM 辐射源信号均能取得 90% 以上的平均识别率,相对于 Zernike 矩和伪 Zernike 矩特征,该特征集在分类识别 CW 和 NLFM 信号时均获得了较高的正确率,而其他几种信号的分类结果则偏低。总体来讲,双谱平滑 GLCM 特征集获得的分类效果是令人满意的。

5.5　本 章 小 结

由于在提取信号特征时双谱(bispectral)具有很多优良特性,在本章中,利用高阶累积量(HOC)即双谱来提取雷达信号的双谱二次特征,首先将双谱看成一种特殊的灰度图像,然后利用图像处理中应用较为成熟的正交矩(OM)和灰度共生矩阵(GLCM),提取出能够反映双谱统计信息的 Zernike 矩(ZM)、伪 Zernike 特征集(PZM)和灰度共生矩阵(GLCM)特征集,最后将这些也征集作为辐射源新号的双谱二次特征。实验结果证明,在一定信噪比范围内,提取出的双谱二次特征能够反映不同雷达辐射源信号调制信息的差异,能够取得很好的分类识别效果。

本章提取出的特征集维数较高,在分类识别辐射源信号时可能存在冗余的特征,另外,过高的特征维数会加重 ESM 系统的处理负担,因此有必要研究特征选择算法,以选出最具有类内聚集性和类间分离性的特征。这正是第6章所要研究的内容。

第 6 章　雷达辐射源信号特征选择

6.1　引　　言

雷达辐射源信号在传播过程中受到各种噪声的干扰,信噪比变化范围较大,因此对分选、分类识别信号起关键作用的特征往往难以发现。另外,提取出的特征通常带有主观性和猜测性,因而需要选出能表征调制信号类别之间最大差别模式信息的脉内特征和信噪比的变化较少造成特征模糊的脉内特征,即所选取的特征在低信噪比下同样具有很好的可分性。另外,选取的特征数量不宜过大,以避免计算量大、推广能力差等问题。为了达到这些目的,特征选择方法的研究势在必行。

特征选择(FS,Feature Selection,也称为属性约简,AR,Attribute Reduction)是指给定一组特征,然后从中挑选出一些最为有效的,通过这一方法来降低特征空间维数的过程,即从原始特征集中选择使某种评估标准最优的特征子集,其基本原则是选择类别相关的而排除冗余的特征[112]。对雷达信号分选来讲,特征选择就是从原始特征集中选择使分类能力最强的特征子集,使分类聚类的性能接近甚至好于特征选择前的性能。由于适应越来越复杂的分类问题的要求,例如特征维数成千上万,概率密度偏离高斯分布等,学者不断提出新的特征选择方法,在模式识别、机器学习和数据挖掘等领域形成了新的研究热点[223]。其中,基于模糊粗糙集(FRS,Fuzzy Rough Set)的特征选择,即属性约简在近几年里备受关注,并取得了一定的研究成果,其主要集中在利用区分矩阵、依赖度进行约简[224-227]和结合优化算法的约简方法[228-231]等领域,但这些方法均存在一些不足,如 Jensen[226]和 Shang[227]等通过依赖度衡量属性子集的重要性进行约简,对于属性数目较少的数据集具有较好的约简效果,但在许多实际分析中该方法是不收敛的[232],而结合蚁群模型实现最优子集选择的方法[228],将模糊粗糙集的信息熵和蚁群模型相结合的属性约简方法[229],依靠遗传算法的全局优化能力和并行能力等优点,结合模糊粗糙集的相关概念进行属性约简(AR)的方法[230,231]等都取得了一定效果,但由于上述优化算法本身存在的限制因素,例如蚁群算法在运行时初始信息素匮乏,导致容易出现停滞现象,遗传算法存在收敛早熟,参数难以确定,冗余迭代易出现,求解效率不高等问题使得约简效果大为降低。

考虑到上述因素,本章在前人工作启发下,根据 FRS 理论提出两种特征选择,即属性约简的新方法,包括基于模糊依赖度的两步属性约简(TARFD)方法和模糊粗糙人工蜂群(FRABC)约简方法。本章将提出的两种特征选择方法与文献[225][226]和[233]中的特征选择方法进行对比,并分别取 UCI测试数据集和雷达辐射源信号脉内特征集进行实验,以验证提出的特征选择方法的有效性。需要指出的是,特征选择与属性约简属于同一概念,因此不加区别地对待。

6.2　粗糙集理论

粗糙(rough)集理论是 Pawlak 提出的一种能够处理不精确和不完整信息的数学工具[234-236]。目前,该理论已被成功地应用于机器学习、知识发现、数据挖掘和决策分析等诸多领域[236]。其中,以不降低信息系统中分辨不同对象能力的属性约简问题一直是粗糙集理论研究的核心问题之一[236,237]。粗糙集理论主要包括等价关系、粗糙集的定义和依赖度等相关概念。

6.2.1　等价关系

设 $S=\{U,A\}$ 为一个信息系统,其中 U 表示对象的非空有限集,即论域, A 表示属性的非空有限集[236],对每个属性 $a\in A$ 都定义了一个从 U 到 V_a 的映射, $a:U\rightarrow V_a$,其中 V_a 表示属性 a 的集合,称为属性 a 的域。设 $P\subseteq A,x$, $y\in U$,则称 $\mathrm{IND}(P)=\{(x,y)\in U\times U\mid \forall a\in P,a(x)=a(y)\}$ 为关于 P 的等价关系。如果 $(x,y)\in \mathrm{IND}(P)$,则称 x,y 在信息系统 S 中关于属性集 P 是等价的,即 x,y 不能用 P 中的属性加以区分。 $\mathrm{IND}(P)$ 称为 P -不可分辨关系, $x\in U$ 在属性集 P 上的等价类 $[x]_{\mathrm{IND}(P)}$ 定义为[234]

$$[x]_{\mathrm{IND}(P)}=\{y\mid y\in U,\mathrm{IND}(P)x\}　\qquad(6.1)$$

它表示在等价关系 $\mathrm{IND}(P)$ 下与元素 x 等价的元素的集合。

一个等价关系 $\mathrm{IND}(P)$ 决定 U 的一个划分 $U/\mathrm{IND}(P)$,或简记为 U/P (此处 P 是指等价关系 $\mathrm{IND}(P)$,在不引起歧义情况下 P 即指 $\mathrm{IND}(P)$)。设属性集 P 包含 m 个属性值 $\{a_1,a_2,\cdots,a_m\}$,由 $\mathrm{IND}(P)$ 决定的 U 的划分包含 n 个子集 $\{X_1,X_2,\cdots,X_n\}$,对于集合 B 和 C ,定义运算符 $\otimes$:

$$B\otimes C=\{X\cap Y:\forall X\in B,\forall Y\in C,X\cap Y\neq\varphi\}　\qquad(6.2)$$

则 $U/\mathrm{IND}(P)$ 可通过下式计算：

$$U/\mathrm{IND}(P) = \otimes \{a_i \in P : U/IND(a_i), i = 1, 2, \cdots, m\} = \{X_1, X_2, \cdots, X_n\}$$

(6.3)

设集合 $X \subseteq U$，则 X 关于 P 的下近似（lower approximation）定义为 $\underline{P}X = \{x \in U : [x]_P \subseteq X\}$，$X$ 关于 P 的上近似（upper approximation）定义为 $\overline{P}X = \{x \in U : [x]_P \bigcap X \neq \phi\}$。

集合 X 上、下近似的概念如图 6.1 所示。

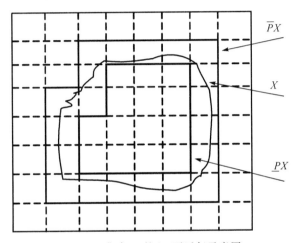

图 6.1　集合 X 的上、下近似示意图

6.2.2　粗糙集的定义

Pawlak 定义由等价关系确定的等价类 $[x]_{\mathrm{IND}(P)}$ 的集合就组成了 P1-粗糙集集合（PRS1，P1 - Rough Set）。显然，P1-粗糙集集合是子集集合，即

$$\mathrm{PRS1} = \{[x]_{\mathrm{IND}(P)} \mid X \subseteq 2^U\}。$$

(6.4)

借助上下近似的描述，也可以给出和 PRS1 等价的关于粗糙集的另外一种定义，称为 P2-粗糙集集合（PRS2，P2 - Rough Set）。即

$$\mathrm{PRS2} = \{\langle X_1, X_2 \rangle\} = \{\langle \underline{P}X, \overline{P}X \rangle\}。$$

(6.5)

PRS1 和 PRS2 统称为 Pawlak 粗糙集[238]。

设 P 和 Q 是属性集 A 的子集，则有

(1) Q 的 P-正区域（P - positive region of Q）为

$$\mathrm{POS}_P(Q) = \bigcup_{X_j \in U/Q} \underline{P}X_j$$

(6.6)

(2)P-边界区域(P - bond region of Q)为

$$\mathrm{BND}_P(Q) = \bigcup_{X_j \in U/Q} \underline{P}X_j - \bigcup_{X_j \in U/Q} \overline{P}X_j \qquad (6.7)$$

(3)P-负区域(P - negative region of Q)为

$$\mathrm{NEG}_P(Q) = U - \bigcup_{X_j \in U/Q} \overline{P}X_j \qquad (6.8)$$

式中 X_j 表示由 $\mathrm{IND}(Q)$ 决定的 n 个 U 的划分中的第 j 个;$\mathrm{POS}_P(Q)$ 是指依据属性集 P 能够正确地将 U 中所有对象分类于 U/Q 的等价类之中的对象的集合;$\mathrm{BND}_P(Q)$ 是指那些可能正确地分类于 U/Q 的等价类之中的对象的集合;$\mathrm{NEG}_P(Q)$ 是指那些不能够正确地分类于 U/Q 的等价类之中的对象的集合。

6.2.3　基于粗糙集的属性约简

在文献[234]中,Pawlak 对属性、集合的依赖性和独立性进行了分析,并给出了相关定义,基于粗糙集的属性约简早期算法大多由此定义演变而来。

定义6.1　设 $a \in P$,若 $\mathrm{POS}_P(Q) = \mathrm{POS}_{(P-\{a\})}(Q)$,则称属性 a 在 P 中是 Q-可省的,否则称为 Q-不可省的;如果在 P 中的每个属性 a 都是 Q-不可省的,则称 P 关于 Q 是独立的,否则就称为是依赖的。

依赖性的形式定义如下:

(1)当且仅当 $\mathrm{IND}(P) \subseteq \mathrm{IND}(Q)$ 时,Q 依赖于 P,记作 $P \Rightarrow Q$;

(2)当且仅当 $P \Rightarrow Q$ 且 $Q \Rightarrow P$,即 $\mathrm{IND}(P) = \mathrm{IND}(Q)$ 时,P 和 Q 是等价的,记作 $P = Q$;

(3)当且仅当 $P \Rightarrow Q$ 且 $Q \Rightarrow P$ 均不成立时,P 和 Q 是独立的,记作 $P \neq Q$;

(4)当且仅当 $k = \gamma_P(Q) = |\mathrm{POS}_P(Q)| / |U|$ 时,Q 以依赖度 $k(0 \leqslant k \leqslant 1)$ 依赖 P,记作 $P \Rightarrow_k Q$:

1)若 $k = 1$,则称 Q 完全依赖于 P,$P \Rightarrow_1 Q$,也记作 $P \Rightarrow Q$;

2)若 $0 < k < 1$,则称 Q 部分依赖于 P;

3)若 $k = 0$,则称 Q 完全独立于 P。

式中 $|U|$ 表示集合 $U \neq \varnothing$ 的势(cardinality),即集合中所包含对象的个数。

定义6.2　若 $R \subseteq P$ 是独立的,并且 R 和 P 是等价的,则称 R 是关系族集 P 的一个约简,记为 $\mathrm{RED}(P)$。在族集 P 中所有不可省的关系的集合称为 P 的核,记为 $\mathrm{CORE}(P)$,且 $\mathrm{CORE}(P) = \bigcap \mathrm{RED}(P)$。核中的属性是影响分类的重要属性,是任何一个约简都必须包含的属性[239]。

在大多数情况下,分类是由几个甚至一个属性来决定的,而不是由关系数据库中的所有属性的微小差异来决定的。属性约简及核的概念为提取系统中重要属性提供了有力的数学工具,但是考虑到约简的不唯一性,即族集 P 中包含多个约简,找出决策表的最小约简为 NP - hard(Non - deterministic Polynomial hard) 问题[240],导致 NP - hard 问题的主要原因在于属性的组合爆炸问题,至今未能找到高效、完备的解决方案,因此许多学者进行了系统的研究,并提供了许多有效的新方法,如数据分析法、基于信息熵的属性约简算法、动态约简算法、增量式算法、可辨识矩阵算法和基于遗传算法的约简方法等[241-246]。

但是 Pawlak 粗糙集(RS,Rough Set) 以经典的等价关系和等价类为基础,因此只适合于名义型变量的处理,不能直接处理现实应用中普遍存在的数值型数据。数值型变量在医疗、金融、工程应用以及科研领域随处可见,如变压器状态分析中的温度、电压和电流信号,在振动分析中的频谱信号等,在将粗糙集(RS)等机器学习方法引入,用来处理该类数据时,往往是把数值型属性离散化为符号型属性,这一过程通常采用的方法有云变换离散化方法[247]、监督型局部离散化方法[248] 和基于属性重要性的离散化方法[249] 等。但是离散处理不能很好保留属性值在实数值上存在的差异,使得信息内容的完整性难以保证,从而导致不同程度的信息损失,计算处理的结果很大程度上取决于离散化的效果。因此,利用粗糙集理论处理这类问题具有一定的局限性。

6.3　利用模糊粗糙集进行特征选择

为解决前面提到的利用粗糙集进行约简时存在的问题,学者们提出了联合利用粗糙集和模糊集[250,251] 来解决模糊属性信息表中的属性约简问题[236]。其中,基于模糊粗糙集的属性约简在近几年备受关注,并取得了一定的研究成果[225-231,236]。然而,正如引言中所指出的,这些算法均存在一定程度的不足。针对这些不足,本章从两方面对基于模糊粗糙集的特征选择方法进行了研究:

(1) 对模糊粗糙集中的依赖度概念进行了扩展,使其能对条件属性之间的依赖关系进行度量,根据条件属性间的依赖度给出了候选属性集和冗余属性集的定义及基于该依赖度的约简算法。该算法综合度量属性与类别和属性之间的依赖度,通过属性间的依赖关系再次确定属性的重要性,进一步剔除约简子集中包含的冗余属性,从而得到最小属性集。实验结果表明了该方法的有效性。

(2) 结合模糊粗糙集 (FRS,Fuzzy Rough Set)和人工蜂群(ABC,Artifi-

cial Bee Colony)算法的优点,本节提出了一种融合 FRS 和 ABC 算法的属性约简方法[236]。根据模糊粗糙依赖性和约简率设计了一种适合属性约简的适应度函数,在此基础上利用 ABC 算法对数据集进行约简,最后得到最小约简子集[236]。结果表明该方法是有效的。

下面对这两方面的研究分别进行阐述。

6.3.1   基于模糊粗糙集的两步特征选择方法

粗糙集理论中的等效关系是研究模糊粗糙集(FRS)的前提,也是应用其解决实际问题的基础。将经典粗糙集理论中的近似对象从分明集扩展到模糊集,并用论域上的模糊等效关系代替分明等效关系即可得到 FRS[236]。经典粗糙集研究对象是分明等效类,而 FRS 研究对象是模糊等效类,是将论域上的对象在模糊等效关系下划分成为模糊等效类[236]。

设 $I=(U,A \bigcup Q)$ 为一个信息系统,其中 U 表示对象的非空有限集,即论域,A 表示条件属性的非空有限集,在不指明的情况下,属性系指条件属性,Q 表示决策属性的非空有限集,即类别属性集[236]。属性集 $P \subseteq A$ 对应一个不可分辨的等价关系,在不引起歧义的情况下,将此等价关系简记为 P,下面以此信息系统为前提展开深入研究[236]。

1. 模糊等价类

记 U 上的模糊等价关系为 P,对象 x 和 y 之间的相似度为 $u_P(x,y)=u_P(y,x)$,它满足三角模算子的条件,即[252]:

(1) 自反性:$\forall x \in U, u_P(x,y)=1$;

(2) 对称性:$\forall x,y \in U, u_P(x,y)=u_P(y,x)$;

(3) 传递性:$\forall x,y,z \in U, \min(u_P(x,y),u_P(y,z)) \leqslant u_P(x,z)$。

在模糊等价关系 P 概念基础上,即可定义对象的模糊等价类。

定义 6.3   设 P 是论域 U 上的一个模糊相似关系,定义对象 $x \in U$ 的模糊等价类 $[x]_P$ 如下[252]:

$$\mu_{[x]_P}(y)=\mu_P(x,y), \quad y \in U \tag{6.9}$$

当 P 是 U 上的普通等价关系时,式(6.9)定义了 P 的等价类 $[x]_P$。一般情况下,式(6.9)表示论域 U 中与对象 x 邻近的所有对象的集合,式(6.9)右侧表示论域上的一个模糊集[236],与分明粗糙集定义的等价类具有相同的性质,模糊等价类 $[x]_P$ 中的任意两个对象也是不可分辨的。

2. 模糊粗糙集的上下近似

设 F_i 是属于 U/P 的模糊等价类,$U/P=F=\{F_1,F_2,\cdots,F_n\}$ 表示论域 U

上的一个模糊划分,属性子集 $P \subseteq A$,X 表示 U 的任意模糊集合,则可以通过模糊条件集 F 来近似 X,即用 F 中的子集 F_i 包含在 X 中的可能度与必然度描述 F 对 X 的近似程度,这种描述称为在关系 P 下 X 的模糊上下近似,定义如下[253]:

$$\mu_{\overline{P}X}(F_i) = \sup_x u_{F_i \cap X}(x) = \sup_x \min\{u_{F_i}(x), u_X(x)\} \quad \forall i \quad (6.10)$$

$$\mu_{\underline{P}X}(F_i) = \inf_x u_{(1-F_i) \cup X}(x) = \inf_x \max\{1 - u_{F_i}(x), u_X(x)\} \quad \forall i$$

$$(6.11)$$

其中,$u_{F_i}(x)$ 表示 U 中对象 x 包含在 F_i 中的程度,$u_X(x)$ 表示 x 包含在 X 中的程度,$\mu_{\underline{P}X}(F_i)$ 表示 F_i 包含在 X 中的必然度,即 F_i 必然包含在 X 中的程度。

在关系 P 下通过子集 F_i 描述 X 时,x 必然包含在 X 中的程度 $\mu_{\underline{P}X}(x^{F_i})$ 即为 x 包含在 F_i 与 X 交集中的程度,用下式表示为

$$\mu_{\underline{P}X}(x^{F_i}) = \mu_{F_i \cap \underline{P}X}(x) = \min(\mu_{F_i}(x), \mu_{\underline{P}X}(F_i)) \quad (6.12)$$

由于 U/P 划分的模糊等价类互不相交,因此,x 必然包含在 X 中的程度 $\mu_{\underline{P}X}(x)$ 为所有模糊条件子集 F_i 描述模糊集合 X 时最大的 $\mu_{\underline{P}X}(x^{F_i})$,考虑到有限论域 U 不能推广到一般情况下,从而考虑:

$$\mu_{\underline{P}X}(x) = \sup_{F_i \in U/P} \mu_{\underline{P}X}(x^{F_i}) = \sup_{F_i \in U/P} \min(\mu_{F_i}(x), \mu_{\underline{P}X}(F_i)) \quad (6.13)$$

因此,模糊下近似可以重新定义为

$$\mu_{\underline{P}X}(x) = \sup_{F_i \in U/P} \min(\mu_{F_i}(x), \inf_{y \in U} \max\{1 - \mu_{F_i}(y), \mu_X(y)\}) \quad (6.14)$$

同样可以定义模糊上近似 $\mu_{\overline{P}X}$,称序对 $\langle \overline{P}X, \underline{P}X \rangle$ 为模糊集 X 在 U 上的模糊粗糙集。模糊粗糙集模型不仅将近似对象从分明集扩展到了模糊集,而且将论域上的等价关系扩展到了模糊相似关系。

3. 模糊等价类隶属函数的确定

论域 U 中,对象 x 可能属于不止一个模糊属性决定的模糊等价类,因此必须考虑由多模糊属性决定的模糊等价类,即由单个模糊属性决定的模糊等价类的笛卡尔乘积。

考察分明粗糙集,U/P 决定了一个包含由所有不可分辨对象组成不同集合的簇集。 设论域 $U = \{x_1, x_2, \cdots, x_n\}$,属性集 P 包含 m 个属性 $\{a_1, a_2, \cdots, a_m\}$,对于集合 B 和 C,按照式(6.2)所定义的 $\otimes$ 运算符,U/P 可通过下式计算:

$$U/P = \otimes \{a_i \in P : U/IND(a_i), i = 1, 2, \cdots, m\} =$$

$$U/\{a_1\} \bigotimes U/\{a_2\} \bigotimes \cdots \bigotimes U/\{a_m\} \tag{6.15}$$

考虑 $m=2$ 时的情形,

$$U/P = U/\{a_1\} \bigotimes U/\{a_2\} = \{X_1^{a_1}, X_2^{a_1}, \cdots\} \bigotimes \{X_1^{a_2}, X_2^{a_2}, \cdots\} \tag{6.16}$$

即

$$U/P = \{X_1^{a_1} \bigcap X_1^{a_2}, X_1^{a_1} \bigcap X_2^{a_2}, \cdots, X_2^{a_1} \bigcap X_1^{a_2}, X_2^{a_1} \bigcap X_2^{a_2}, \cdots\} \tag{6.17}$$

其中集合 $\{X_1^{a_1}, X_2^{a_1}, \cdots\}$ 和 $\{X_1^{a_2}, X_2^{a_2}, \cdots\}$ 分别表示由属性 $\{a_1\}$ 和 $\{a_2\}$ 决定的 U 的划分。分明粗糙集中,分明集 $X_j^{a_i} = [x_j]_{\{a_i\}}$。记由 P 确定的 U 的划分为 $U/P = \{X_1, X_2, \cdots, X_n\}$,$\forall X_i \in X$ 都是分明集,用隶属函数表示 $x \in U$ 与 X_i 的关系,则有

$$\mu_{X_i}(x) = \begin{cases} 1, & x \in X_i \\ 0, & x \notin X_i \end{cases} \tag{6.18}$$

在根据实际需要将连续属性区间进行划分,以便确定出各模糊属性的模糊等价类时,模糊条件属性被划分出的每个子区间对应于该属性的一个模糊等价类。

模糊粗糙集中,单个属性 $\{a_i\}$ 仍然对应一个不可辨关系的等价关系,仍简记为 $\{a_i\}$,则模糊粗糙集中 U/P 的计算与分明粗糙集类似,区别在于:集合 $\{X_1^{a_1}, X_2^{a_1}, \cdots\}$ 和 $\{X_1^{a_2}, X_2^{a_2}, \cdots\}$ 分别表示由属性 $\{a_1\}$ 和 $\{a_2\}$ 决定的 U 的模糊划分,$X_j^{a_i}$ 表示由某种属性区间分割算法对属性 a_i 进行分割时得到的第 j 个区间,在此区间内所有的对象都是不可辨的,为与分明粗糙集进行区分,令 $F_j^{a_i} = X_j^{a_i}$。记由 P 确定的 U 的模糊划分为 $U/P = \{F_1, F_2, \cdots, F_n\}$,由于 $\forall F_i \in U/P$ 都为模糊集,因此对象 x_k 隶属于 F_i 的程度可通过计算对象 x_k 隶属于形成 F_i 的所有模糊集交集的程度来获取。同样考虑 $m=2$ 时的情形,设 $F_i = F_r^{a_g} \bigcap F_t^{a_h}$,其中 $g, h, r, t = 1$ 或 2,则用隶属函数表示 x 与 F_i 的关系时,有

$$\mu_{F_i}(x) = \mu_{F_r^{a_g} \cap F_t^{a_h}}(x) = \min(\mu_{F_r^{a_g}}(x), \mu_{F_t^{a_h}}(x)) \tag{6.19}$$

当 $m > 2$ 时,x 与 F_i 的关系与 $m=2$ 时得到的隶属函数类似,此处不再赘述。

4. 模糊依赖性分析

经典粗糙集理论中的分明正域定义为如式(6.6)所示的下近似并集,将此概念扩展到模糊正域,并结合式(6.14)和式(6.19),得到对象 x 关于模糊正域的隶属度:

$$\mu_{\text{POS}_P(Q)}(x) = \sup_{X \in U/Q} \mu_{PX}(x) \tag{6.20}$$

根据隶属度的含义以及模糊正域的定义,可以求出模糊粗糙集条件下决

策属性 Q 对条件属性集 P 的依赖性[226,236]：

$$k' = \gamma'_P(Q) = \frac{\left| \mu_{\mathrm{POS}_{P(Q)}}(x) \right|}{|U|} = \frac{\sum_{x \in U} \mu_{\mathrm{POS}_{P(Q)}}(x)}{|U|} \tag{6.21}$$

其中，$|U|$ 表示 U 的势，即 U 中对象的个数。与经典粗糙集依赖性类似，式 (6.21) 表征了仅用 P 中的信息时可分辨对象在整个数据集中所占比例[236]，依据式 (6.21)，即为 $\mu_{\mathrm{POS}_{P(Q)}}$ 的势除以论域 U 的势。式 (6.21) 同样表征了 Q 依赖于 P 的程度，P 以比例 k' 决定 Q 的取值，即决定分类效果，k' 越大，以属性 P 为依据进行分类时所取得效果越好[236]。

式 (6.21) 所描述的依赖性可推广到属性之间依赖性，取 P 和 Q 都为单属性集合，即 $P = a_i$，$Q = a_j$，$\forall a_i, a_j \in A$，则

$$k' = \gamma'_{a_i, a_j} = \gamma'_{a_i}(a_j) = \frac{\left| \mu_{\mathrm{POS}_{a_i, a_j}}(x) \right|}{|U|} = \frac{\sum_{x \in U} \mu_{\mathrm{POS}_{a_i, a_j}}(x)}{|U|} \tag{6.22}$$

式 (6.22) 表征了属性 a_j 依赖于属性 a_i 的程度，a_i 以比例 k' 决定 a_j 的取值，k' 越大，a_i 决定 a_j 取值的能力越大。

下面以一个简单决策表为例对模糊依赖度的计算进行说明。设原始决策表见表 6.1，其中 a_1, a_2, a_3 为条件属性，Q 为决策属性，首先计算 a_1, a_2, a_3 的模糊下近似，然后由式 (6.21) 可计算得到各个属性的依赖度[236]。

表 6.1　具有连续属性值的决策表[236]

object	a_1	a_2	a_3	Q
1	-0.4	-0.3	-0.5	no
2	-0.4	0.2	-0.1	yes
3	-0.3	-0.4	-0.3	no
4	0.3	-0.3	0	yes
5	0.2	-0.3	0	yes
6	0.2	0	0	no

此表中的属性值是连续的，在模糊相似关系下，仍然要求对连续属性区间进行划分，从而确定各模糊属性的模糊等价类。模糊条件属性被划分出的每个子区间，都对应该属性的一个模糊等价类，该等价类的隶属度函数一般包括有梯形函数、三角函数和正态分布函数等。对决策表 6.1 进行处理，得到区间划分结果：

$$A' = \{[-0.5,0],[0,0.5]\} = \{F_1^{a_1}, F_2^{a_1}\}$$
$$B' = \{[-0.5,0],[0,0.5]\} = \{F_1^{a_2}, F_2^{a_2}\}$$
$$C' = \{[-0.5,0],[0,0.5]\} = \{F_1^{a_3}, F_2^{a_3}\}$$
(6.23)

可以看出,由上述结果确定的每一个二维笛卡儿子区间内,对象都具有相同的决策值。所以,每个条件属性划分出了两个模糊等价类。

方便起见,将 a_1 的模糊子集 $F_1^{a_1}$ 与确定它的隶属函数 $\mu_{F_1^{a_1}}$ 等同看待,同时以 $\mu_{F_1^{a_1}}(x)$ 表示元素 x 关于 $F_1^{a_1}$ 的隶属度,其他模糊子集以同样方法进行处理。图 6.2 表示用三角函数和梯形函数确定的属性各模糊等价类对应的隶属函数。

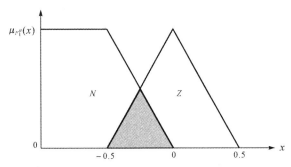

图 6.2   条件属性所对应模糊集的隶属函数

属性 a_1 的模糊等效类 $F_1^{a_1}, F_2^{a_1}$ 的隶属函数定义为

$$\mu_{F_1^{a_1}}(x) = \begin{cases} 1, & x \leqslant 0.5 \\ \max\{-2x,0\}, & x > 0.5 \end{cases}$$

$$\mu_{F_2^{a_1}}(x) = \begin{cases} \max\{2x+1,0\}, & x \leqslant 0 \\ \max\{-2x+1,0\}, & x > 0 \end{cases}$$
(6.24)

从而可得

$$\mu_{F_1^{a_1}}(x) = \{0.8, 0.8, 0.6, 0, 0, 0\}$$
$$\mu_{F_2^{a_1}}(x) = \{0.2, 0.2, 0.4, 0.4, 0.6, 0.6\}$$
(6.25)

在粗糙集(RS)中,每个对象只能属于一个等价类,但是在模糊粗糙集(FRS)中,每个对象可以属于多个不同的模糊等价类(FEC, Fuzzy Equivalence Class)。FEC 既能对同一子区间内属性值的差异性进行保留,又能对邻近子区间内属性值之间的过渡性进行体现[254]。

举例来讲,如对象 x_1 属于模糊集 $F_1^{a_1}$ 的程度为 0.8,属于模糊集 $F_2^{a_1}$ 的程度为 0.2,又如对象 x_4 属于模糊集 $F_1^{a_1}$ 的程度为 0,属于模糊集 $F_2^{a_1}$ 的程度为 0.4。

再由决策属性 Q 决定的 U 的分明划分为

$$U/\mathrm{IND}(Q)=\{\{1,3,6\},\{2,4,5\}\}=\{X_1,X_2\} \tag{6.26}$$

显然，若 $x\in X_1$ 则 $\mu_{X_1}(x)=1$，否则 $\mu_{X_1}(x)=0$，从而得到

$$\mu_{X_1}(x)=\{1,0,1,0,0,1\},\quad \mu_{X_2}(x)=\{0,1,0,1,1,0\} \tag{6.27}$$

此处 $x\in U$。由此得到所有对象属于不同模糊等效类的隶属度，见表 6.2。令 $P=\{a_1\}$，则由式（6.14）可得：

$$\left.\begin{array}{l}\mu_{\underline{P}X_1}(x)=\{0.2,0.2,0.4,0.4,0.4,0.4\}\\[4pt]\mu_{\underline{P}X_2}(x)=\{0.2,0.2,0.4,0.4,0.4,0.4\}\end{array}\right\} \tag{6.28}$$

表 6.2　各对象属于不同模糊等效类的隶属度

object	a_1		a_2		a_3		Q	
	$\mu_{F_1^a}$	$\mu_{F_2^a}$	$\mu_{F_1^a}$	$\mu_{F_2^a}$	$\mu_{F_1^a}$	$\mu_{F_2^a}$	μ_{X_1}	μ_{X_2}
1	0.8	0.2	0.6	0.4	1.0	0.0	1.0	0.0
2	0.8	0.2	0.0	0.6	0.2	0.8	0.0	1.0
3	0.6	0.4	0.8	0.2	0.6	0.4	1.0	0.0
4	0.0	0.0	0.6	0.4	0.0	1.0	0.0	1.0
5	0.0	0.6	0.6	0.4	0.0	1.0	0.0	1.0
6	0.0	0.6	0.0	1.0	0.0	1.0	1.0	0.0

再由式（6.20）可得：

$$\mu_{\mathrm{POS}_P(Q)}(x)=\{0.2,0.2,0.4,0.4,0.4,0.4\} \tag{6.29}$$

最后由式（6.21）可得：

$$\gamma'_P(Q)=(0.2\times2+0.4\times4)/6=2/6$$

类似地可求出其他属性的依赖度。此时，所有属性的依赖度，也就是属性的重要度分别为[236] $\gamma'_{a_1}(Q)=2/6$，$\gamma'_{a_2}(Q)=2.4/6$，$\gamma'_{a_3}(Q)=1.6/6$，进一步，由式（6.19）得到 $\gamma'_{a_1a_2}(Q)=3.4/6$，$\gamma'_{a_2a_3}(Q)=3.2/6$，$\gamma'_{a_1a_2a_3}(Q)=3.4/6$。

5. 算法实现

基于模糊粗糙集依赖度的属性约简算法包括两个步骤，一是确定候选属性集；二是确定候选属性集中是否存在冗余属性。本章结合以上分析，给出了以下两个定义，则基于模糊依赖度的属性约简主要由这两个定义来完成。

定义 6.4　设 $a_j\in A$，记 $a_i=\max\{a_j\mid\gamma'_{a_j}(Q),1,2,\cdots,m\}$；计算

$\gamma'_{a_j}(Q)(j \neq i)$，对于给定阈值 T_h，如果 $\gamma'_{a_j}(Q) > T_h$，则称 a_j 为第一候选属性；如果 $\gamma'_{a_j}(Q) \leqslant T_h$ 且 $\gamma'_{\{a_i,a_j\}}(Q) \leqslant \gamma'_{a_i}(Q)$，则称 a_j 为冗余属性，如果 $\gamma'_{a_j}(Q) \leqslant T_h$ 且 $\gamma'_{\{a_i,a_j\}}(Q) < \gamma'_{a_i}(Q)$，则称 a_j 为第二候选属性，第一和第二候选属性组成的集合称为候选属性集。

定义 6.5 设确定的候选属性集为 C，给定 $a_i \in C$，对于 $\forall a_j \in C(i \neq j)$，如果 $\gamma'_{a_i,a_j} = 1$，$\gamma'_{a_j,a_i} = 0$，或者 $\gamma'_{a_i,a_j} \approx 1$，$\gamma'_{a_j,a_i} \approx 0$，那么称属性 a_j 是第一冗余属性，否则称 a_j 为从属属性；对于从属属性 a_j，如果 $\gamma'_{a_j}(Q) \leqslant \gamma'_{a_i}(Q)$ 且 $\gamma'_{a_j,a_i} > \gamma'_{a_i,a_j}$，则 a_j 为非冗余属性，如果 $\gamma'_{a_j}(Q) \leqslant \gamma'_{a_i}(Q)$ 且 $\gamma'_{a_j,a_i} \leqslant \gamma'_{a_i,a_j}$，则称 a_j 为第二冗余属性，第一和第二冗余属性组成的集合称为冗余属性集。

根据以上分析，提出一种基于模糊依赖度的两步属性约简（TARFD，Two-steps Attribute Reduction based on Fuzzy Dependency）算法。该算法以候选属性集为起点，依据定义 6.5 中有关第二冗余属性的判断条件，逐次剔除重要度较小的属性，直到满足终止条件为止。

算法：TARFD

步骤 1 令 $T_h = 0$，由定义 6.4 确定候选属性集 C，对属性 $a_i \in C$，计算决策属性 Q 对 a_i 依赖度 $\gamma'_{a_i}(Q)$，然后计算属性之间的依赖度 $\gamma'_{a_j,a_i} = \gamma'_{a_j}(a_i)$，$\gamma'_{a_i,a_j} = \gamma'_{a_i}(a_j)$，其中，$i,j = 1,2,\cdots,m$，$m = |C|$，$i \neq j$。

步骤 2 令 $k = 1$。

步骤 3 令 $j = 1$，如果 $j \geqslant m - k$，则终止算法并转到步骤 6。

步骤 4 根据定义 6.5 中的条件判断属性 a_j 是否冗余，如果 $\gamma'_{a_j}(Q) \leqslant \gamma'_{a_i}(Q)$ 且满足 $\gamma'_{a_j,a_i} \leqslant \gamma'_{a_i,a_j}$，则剔除冗余属性 a_j。

步骤 5 令 $j = j + 1$，如果 $j < m - k$，转到步骤 4，否则令 $k = k + 1$，转到步骤 4。

步骤 6 最后得到的属性集合就是条件属性 P 相对于 Q 的一个相对约简。

6. 复杂度分析

正如引言部分所指出的，Jensen 和 Shen 根据模糊粗糙依赖度提出了一种 QuickReduct 算法[226]进行属性约简，并在数据集维数较小情况下取得了较好的约简效果。但是，该算法的计算复杂度随着条件属性集维数的增加急剧增加。假设属性集 P 包含 m 个属性，每个属性决定的 U 的划分包含 n 个模糊类，则由属性集 P 决定的 U 的划分包含 n^m 个模糊类，则最坏情况下决策属性属性集 P 的依赖度的近似计算复杂度可表示为 $O(Nn^m n) = O(Nn^{m+1})$。最坏情况是指直到计算到最后一个属性时算法才终止。

设 $P = \{a, b\}$，每个属性决定的划分包含 3 个模糊类，则 Q 关于 P 依赖度需要计算 9 个模糊类。实际上，属性集维数大于 10 的情况很正常，因此再设 $|P| = 15$，则 Q 关于 P 依赖度需要计算 3^{15} 个模糊类。可见，该算法的计算复杂度是相当大的。

对 TARFD 算法而言，仅需要计算属性集合中的单属性依赖度和任意两个属性组合的依赖度，即最坏情况下属性集 P 的依赖度的复杂度可表示为 $O(2n^2 C_m^2 + n C_m^1) \approx O(2n^2 C_m^2)$。如上设 $|P| = 15$，则 Q 关于 P 依赖度需要计算约 1 935 个模糊类，那么相对 QuickReduct 算法，TARFD 算法在最坏情况下执行效率提高了约 $3^{15}/1\ 935 = 7\ 415$ 倍，说明该算法是高效的。

6.3.2　模糊粗糙集联合蜂群算法特征选择方法

6.3.1 节中给出的基于模糊依赖度的两步属性约简（TARFD）算法是以输入空间的模糊划分为基础来确定模糊等价类的。事实上，文献[225]给出了模糊上下近似的另一种定义，相对而言，这种定义下确定的模糊等效类具有计算上的优势。

1. 模糊粗糙近似的另一种定义

定义 6.6　设 (U, P) 是模糊近似空间，即 P 是论域 U 上的模糊等价关系，I 表示边缘蕴涵算子；T 表示 t-模；模糊近似空间 (U, P) 上的 (I, T)-模糊粗糙近似表示这样一个映射[236,255]：

$$\text{Apr}^{I,T}: F(U) \to F(U) \times F(U) \tag{6.30}$$

对 $\forall X \in F(U)$，$\text{Apr}^{I,T}(X) = (\underline{P_I}X, \overline{P}^T X)$。

分别称模糊集 $\underline{P_I}X$，$\overline{P}^T X$ 为 X 在模糊近似空间 (U, P) 中的 I-下模糊粗糙近似和 T-上模糊粗糙近似，其隶属函数分别由式（6.31）和式（6.32）确定[225,236]：

$$\mu_{\underline{P_I}X}(x) = \inf_{y \in U} I(\mu_P(x, y), \mu_X(y)), \forall x \in U \tag{6.31}$$

$$\mu_{\overline{P}^T X}(x) = \sup_{y \in U} T(\mu_P(x, y), \mu_X(y)), \forall x \in U \tag{6.32}$$

式中，$F(U)$ 表示 U 上的模糊子集的全体[236]，对 $\forall y \in U$，若 $y \in X$，则 $\mu_X(y)$ 为 1，否则为 0。$\mu_P(x, y)$ 表示由模糊关系 P 确定的对象 x 和 y 之间的相似度，蕴涵算子和 t-模分别取：

$$I(x, y) = \min(1 - x + y, 1) \tag{6.33}$$

$$T(x, y) = \max(x + y - 1, 0) \tag{6.34}$$

在模糊等价关系 P 概念基础上，即可定义对象的模糊等价类。

此时 $\mu_P(x,y)$ 可由迭代公式(6.35)确定[255]：

$$\mu_P(x,y) = \bigcap{}_T(\mu_a(x,y)), a \in P \tag{6.35}$$

例如，$P = \{a_1, a_2, a_3\}$，则 $\mu_P(x,y) = (\mu_{\{a_1,a_2\}} \bigcap{}_T \mu_{\{a_3\}})(x,y)$，其中：

$$\mu_{\{a_1,a_2\}}(x,y) = (\mu_{\{a_1\}} \bigcap{}_T \mu_{\{a_2\}})(x,y) = T(\mu_{\{a_1\}}, \mu_{\{a_2\}}) \tag{6.36}$$

对于属性 $a \in P$，$\mu_a(x,y)$ 可由式(6.37)至式(6.39)表示的模糊相似关系确定[225]：

$$\mu_a(x,y) = 1 - \frac{|a(x) - a(y)|}{a_{\max} - a_{\min}} \tag{6.37}$$

$$\mu_a(x,y) = \exp\left[-\frac{(a(x) - a(y))^2}{2\sigma_a^2}\right] \tag{6.38}$$

$$\mu_a(x,y) = \max\left[\min\left[\frac{a(x) - a(y) + \sigma_a}{\sigma_a}, \frac{a(y) - a(x) + \sigma_a}{\sigma_a}\right], 0\right] \tag{6.39}$$

式中，$a(x), a(y)$ 分别表示对象 x 和 y 在特征 a 上的取值；σ_a 表示特征 a 上所有对象取值的标准方差[236]。经多次实验，此处采用式(6.39)计算对象间的模糊相似关系。

下面仍以如表6.1所示的决策表为例对模糊依赖度的计算进行说明，首先根据式(6.31)计算 a_1, a_2, a_3 的模糊粗糙下近似，然后结合式(6.21)可计算得到各个属性的依赖度。

由式(6.39)计算得到关于属性 a_1 的对象间模糊相似关系为[236]

$$\boldsymbol{\mu}_{a_1}(x,y) = \begin{bmatrix} 1 & 1 & 0.699\,4 & 0 & 0 & 0 \\ 1 & 1 & 0.699\,4 & 0 & 0 & 0 \\ 0.699\,4 & 0.699\,4 & 1 & 0 & 0 & 0 \\ 0 & 0 & 0 & 1 & 0.699\,4 & 0.699\,4 \\ 0 & 0 & 0 & 0.699\,4 & 1 & 1 \\ 0 & 0 & 0 & 0.699\,4 & 1 & 1 \end{bmatrix} \tag{6.40}$$

同理由式(6.39)得关于属性 a_2 的模糊相似关系为[236]

$$\boldsymbol{\mu}_{a_2}(x,y) = \begin{bmatrix} 1 & 0 & 0.568\,3 & 1 & 1 & 0 \\ 0 & 1.000\,0 & 0 & 0 & 0 & 0.136\,7 \\ 0.568\,3 & 0 & 1.000\,0 & 0.568\,3 & 0.568\,3 & 0 \\ 1 & 0 & 0.568\,3 & 1 & 1 & 0 \\ 1 & 0 & 0.568\,3 & 1 & 1 & 0 \\ 0 & 0.136\,7 & 0 & 0 & 0 & 1 \end{bmatrix} \tag{6.41}$$

关于属性 a_3 的模糊相似关系为[236]

$$\boldsymbol{\mu}_{a_3}(x,y) = \begin{bmatrix} 1 & 0 & 0.035\,5 & 0 & 0 & 0 \\ 0 & 1 & 0.035\,5 & 0.517\,8 & 0.517\,8 & 0.517\,8 \\ 0.035\,5 & 0.035\,5 & 1.000\,0 & 0 & 0 & 0 \\ 0 & 0.517\,8 & 0 & 1 & 1 & 1 \\ 0 & 0.517\,8 & 0 & 1 & 1 & 1 \\ 0 & 0.517\,8 & 0 & 1 & 1 & 1 \end{bmatrix}$$

$$(6.42)$$

再由决策属性 Q 决定的 U 的分明划分为[236]

$$U/\text{IND}(\boldsymbol{Q}) = \{\{1,3,6\},\{2,4,5\}\} = \{X_1, X_2\} \tag{6.43}$$

显然，若 $x \in X_1$ 则 $\mu_{X_1}(x) = 1$，否则 $\mu_{X_1}(x) = 0$，从而得到：

$$\mu_{X_1}(x) = \{1,0,1,0,0,1\} \tag{6.44}$$

$$\mu_{X_2}(x) = \{0,1,0,1,1,0\} \tag{6.45}$$

这里 $x \in U$。

让偶根据式(6.31)即可分别得到集合 X_1 和 X_2 关于属性 a_1 的 I-下模糊粗糙近似为[236]

$$\mu_{\underline{P}_I X_1}(x) = \inf_{y \in U} I(\mu_{a_1}(x,y), \mu_{X_1}(y)) \tag{6.46}$$

$$\mu_{\underline{P}_I X_2}(x) = \inf_{y \in U} I(\mu_{a_1}(x,y), \mu_{X_2}(y)) \tag{6.47}$$

将式(6.40)和式(6.44)代入式(6.46)即可得：

$$\mu_{\underline{P}_I X_1}(x) = \{0,0,0,0.300\,6,0,0\} \tag{6.48}$$

同理有

$$\mu_{\underline{P}_I X_2}(x) = \{0,0,0,0.300\,6,0,0\} \tag{6.49}$$

求出模糊粗糙近似后即可根据式(6.20)求得每一对象关于属性 $P = a_1$ 的正域：

$$\mu_{\text{POS}_P(Q)}(x) = \sup_{X \in U/Q} \mu_{PX}(x) = \max\{\mu_{PX_1}(x), \mu_{PX_2}(x)\} = \\ \{0,0,0.300\,6,0.300\,6,0,0\} \tag{6.50}$$

最后由式(6.21)求得属性 $P = a_1$ 关于决策属性的依赖度：

$$\gamma'_P(\boldsymbol{Q}) = 0.300\,6 \times 2/6 = 0.100\,2 \tag{6.51}$$

类似地可以求出其他属性的依赖度。此时即可得到各个属性的依赖度，即属性的重要度分别为[236]$\gamma'_{a_1}(\boldsymbol{Q}) = 0.100\,2, \gamma'_{a_2}(\boldsymbol{Q}) = 0.359\,7, \gamma'_{a_3}(\boldsymbol{Q}) =$

0.407 8,进一步,由式(6.35)求得多属性模糊相似关系,而后与以上几个步骤类似分别求得:$\gamma'_{a_1a_2}(Q)=1,\gamma'_{a_2a_3}(Q)=1,\gamma'_{a_1a_3}(Q)=0.550\,1,\gamma'_{a_1a_2a_3}(Q)=1$。

2.人工蜂群(ABC)智能优化算法

2005 年,学者 Karaboga 提出了一种实参群集智能优化算法,即人工蜂群(ABC,Artificial Bee Colony)算法[256],人工蜂群具有很多优点,例如计算简单,能够求得全局最优解,需要调整参数少等,因此很快成为当前研究热点,在函数优化应用[257]、组合求解应用[258]和聚类分析应用[259]等都方面取得了一定成果,人工蜂群算法同样在多目标优化应用[260]、神经网络训练应用[261]、工程设计应用[262,263]和图像处理应用[264]等方面也有所建树。结合前一节定义的模糊粗糙集,利用人工蜂群算法来完成属性集的约简。

人工蜂群算法以蜜蜂群觅食行为为基础,利用蜂群的引领蜂(employed)、跟随蜂(onlookers)和侦查蜂(scouts)通过不同的职能转换完成蜂巢花蜜最大化的原理求解目标函数的最优解。人工蜂群算法中,优化问题中解的位置相当于食物源,该食物源价值由适应度值来表示,初始化解与引领蜂或跟随蜂的个数相等,其中引领蜂和跟随蜂各占蜂群的 50%,侦查蜂由引领蜂抛弃某食物源后转换职能而来[256]。其最优解主要搜索过程如下所述[236]:

首先,随机产生 N 个初始化解,每个解 $\boldsymbol{x}_i$ 由 d 维向量构成,即 $\boldsymbol{x}_i=[x_{i1},x_{i2},\cdots,x_{id}]$,d 表示优化问题中的解所包含参数的个数[236],$i=1,2,\cdots,N$;

其次,设定 ABC 算法最大循环搜索次数 $C_{\max}$,设定某位置可行解最大可搜索次数 t,即经过 t 次搜索后该处的更新解依然不能使得适应度值得到提高,则抛弃该处的可行解,令每次循环中引领蜂和跟随蜂数目分别为 N,循环次数 $C=1$,按照以下步骤开始循环[236]:

步骤 1 令 $i=1$,对引领蜂 E_i 按照步骤 2 执行搜索[236],直到 $i=N$;

步骤 2 根据随机更新的解 $\boldsymbol{v}_i$ 对食物源即解 $\boldsymbol{x}_i$ 进行修正,如果 $\boldsymbol{v}_i$ 使得适应度值得到提高,则以 $\boldsymbol{v}_i$ 替换原解,同样记替换后的解为 $\boldsymbol{x}_i$,否则,记录解 $\boldsymbol{x}_i$ 在 N 个初始化解中的位置,并称此位置的解为候选丢弃解。$\boldsymbol{v}_i$ 由下式确定[236]:

$$v_{ij}=x_{ij}+\Phi_{ij}(x_{ij}-x_{kj}) \tag{6.52}$$

式中,x_{ij} 表示解 $\boldsymbol{x}_i$ 中随机选取的第 j 个参数;v_{ij} 表示修正 x_{ij} 产生的候选解 $\boldsymbol{v}_i$ 的参数;x_{kj} 表示随机选取的解 $\boldsymbol{x}_k$ 中的第 j 个参数,k 位于 i 的邻域内,且 $k\neq i$;

Φ_{ij} 表示与 x_{ij} 相关的随机数[236], $\Phi_{ij} \in [-1,1]$;

步骤 3　计算跟随蜂选择某食物源 $\boldsymbol{x}_i$ 的概率 p_i, p_i 值越大,表明通过 $\boldsymbol{x}_i$ 可以获得更好适应度值,从而被跟随蜂选中的概率越大。p_i 由下式确定[236]:

$$p_i = \frac{\mathrm{fit}_i}{\sum\limits_{n=1}^{N} \mathrm{fit}_n} \tag{6.53}$$

式中,fit_i 表示与食物源 $\boldsymbol{x}_i$ 花蜜数量即目标函数值成比例的适应度值,即第 i 个解的适应度值,N 表示解的个数[236];

步骤 4　令 $j=1$,记跟随蜂 O_j 选中的食物源为 $\boldsymbol{x}_i$,对 O_j 按照步骤 2 执行搜索,直到 $j=N$[236],此处 $i \in \{1,2,\cdots,N\}$;

步骤 5　侦查蜂比较步骤 2 中各候选丢弃解的记录次数 h_i 与 t 的关系,如果 $h_i > t$,则抛弃该处解,同时令 $h_i = 0$,并根据式(6.54)产生新的随机可行解[236]:

$$r_{ij} = x_i^{\min} + \varphi_{ij}(x_i^{\max} - x_i^{\min}) \tag{6.54}$$

其中,r_{ij} 表示解 $\boldsymbol{x}_i$ 中的第 j 个替换参数,$x_i^{\max}$ 和 $x_i^{\min}$ 分别表示 $\boldsymbol{x}_i$ 的最大和最小值,φ_{ij} 表示与 r_{ij} 相关的随机数[236], $\varphi_{ij} \in [0,1]$, $i \in \{1,2,\cdots,N\}$, $j = 1,2,\cdots,N$;

步骤 6　记录此时最优解[236];

步骤 7　判断算法是否达到最大循环次数或者满足终止条件,若任一条件成立,则终止算法,否则令 $C = C+1$ 并从步骤 1 再次开始循环[236]。

最后,得到步骤 6 中的解即为全局最优解[236]。

3. 适应度函数设计及算法实现

适应度函数是人工蜂群算法中最重要的因素,可以将一个食物源即解的适应度值理解为解接近目标函数的程度,相对于函数最优化问题而言,适应度函数即为目标函数[236],例如学者 Karaboga 在文献[257]中对 50 个函数进行最优化求解,其方法都是利用目标函数值作为迭代的准则。然而对于属性约简问题,是没有现成目标函数可用的,因此,需要专门设计一种适合属性约简(AR)问题的适应度函数[236]。

鉴于属性约简的目的在于找到一个最小条件属性子集,该子集与原始条件属性集合依赖性相当,即要求该子集具有最大的依赖性和最小的属性数目,因此,适应度函数(FF,Fitness Function)中依赖性的增加或属性数的减少需要有利于总的适应度的增加[236]。另外,为了使属性集的依赖度和解中属性的数目相对适应度函数的贡献相当,需要将两者对适应度的贡献约束至同一数量级。基于以上考虑,设计属性约简问题中的适应度函数如下[236]:

$$\text{fit}_i = 1/(1 - f_i) \tag{6.55}$$

式中

$$f_i = (1 - \alpha)\left(\frac{|A| - |P_i|}{|A|}\right) + \alpha\frac{\gamma_{P_i}(Q)}{\gamma_A(Q)} \tag{6.56}$$

式中,fit_i 表示由引领蜂 E_i 确定的属性子集 P_i 的适应度值;f_i 表示由子集 P_i 确定的目标值[236],由 $P_i \neq \emptyset$ 可知,$0 < f_i < 1$;$(|A| - |P_i|)/|A|$ 表示约简率,$\gamma_{P_i}(Q)/\gamma_A(Q)$ 表示决策属性 Q 对子集 P_i 的归一化依赖度;α 表示权重因子,用来调节适应度函数的弹性[236]。

式(6.56)表明,约简率和归一化依赖度都与 f_i 成正相关的关系,即 f_i 随约简率和归一化依赖度的提高而增大,然而约简率和归一化依赖度之间并非正相关,所以如何在最大化目标值前提下求出最大的依赖性与最小的属性数目,正是本章所要研究解决的问题[236]。

综合以上分析,本章利用 ABC 算法来完成数据集的属性约简。该方法以蜂群随机选择属性子集为基础,通过计算其适应度函数,在迭代过程中找到最佳的子集[236];称该算法为模糊粗糙人工蜂群(FRABC,Fuzzy Rough Artificial Bee Colony)算法,利用 FRABC 进行属性约简的具体步骤如下:

步骤1 雇佣蜂随机产生属性子集。设属性集 P 包含 d 个属性值 $\{a_1, a_2, \cdots, a_d\}$,雇佣蜂数目为 N,随机产生的食物源即初始化解数目取 N[236],每个解 x_i 由 d 维向量构成,即 $x_i = [x_{i1}, x_{i2}, \cdots, x_{id}]$,$d$ 表示属性集 P 所包含属性的个数,$i = 1, 2, \cdots, N$。

步骤2 对产生的解进行取整与合并相同项操作。例如,设 $d=8$,则随机产生的解为 $\{5.75, 6.30, 6.20, 3.75, 5.59, 2.20, 5.94, 1.22\}$,取整并将相同项合并后为[236]$\{6, 4, 2, 1\}$,代表属性集 P 中的第6、第4、第2和第1个属性被选中用以组成属性子集。

步骤3 对产生的 N 个属性子集运行 ABC 算法[236]。

最后得到的全局最优解即为所求数据集的约简子集[236]。

6.4　仿真实验与分析

实验一

为考察 TARFD 和 FRABC 算法的有效性,本章首先在 UCI 机器学习数据库[265]上取 7 个连续值属性数据集进行实验。数据集的基本情况见表 6.3[236]。

表 6.3　UCI 数据集基本信息[236]

数据集	对象数	属性数	类别数
Glass	214	9	6
Iris	150	4	3
Ion	351	34	2
Isolet5	1 559	617	26
Vehicle	946	18	4
Wav	1 000	21	3
Water2	527	38	3

在仿真实验前,需要对表 6.3 中的数据集进行预处理,即对数据集的属性进行模糊化。为简明起见,选取标准模糊化技术得到由单属性确定的 TAR-FD 模糊等价类,并结合梯形函数和三角函数来确定各数据集中对象关于单属性的隶属度,而 FRABC 算法中直接由式(6.39)得到关于单属性的对象间相似度,然后分别由式(6.19)和式(6.35)确定 TARFD 和 FRABC 算法中的多模糊属性隶属度。

鉴于评估属性约简算法性能的指标主要体现在属性子集的大小和分类准确率上,这里采用 Weka 平台分别对选取的数据集进行属性约简,并使用 10 - 折交叉验证法得到 JRip[266] 和 C4.5 决策树[267] 的分类准确率[236]。为了进一步说明 TARFD 和 FRABC 算法的有效性,分别选取 Relief - F(Re)[226]、Information Gain(IG)[226]、Fast Correlation - based Filter(FCBF)[233]、OneR(OR)[226] 和 Fuzzy Discernibility Matrix - based (FDM)[225] 5 种不同的属性约简算法与 TARFD 和 FRABC 算法进行对比分析,详细结果[236]见表 6.4 至表 6.6。其中,AN 表示条件属性数目,Acc 表示分类正确率。Origin 对应未经约简的属性。FRABC 算法中,引领蜂、跟随蜂和食物源数目与特征数相同,设置 $\alpha=0.5,C_{\max}=1000$。

表 6.4 给出了应用不同约简算法对数据集进行约简得到的属性子集,数字元代表了属性子集中与 UCI 数据集相对应属性的标号[236]。表 6.5 和表 6.6分别给出了在 JRip 和 C4.5 决策树条件下不同算法得到属性子集的分类精度比较情况[236]。

通常情况下,未经约简的属性集理论上分类能力较强,准确率也高[236],因此主要比较 TARFD 和 FRABC 与其他算法的约简结果。

表 6.4　不同约简算法下属性子集的比较

FCBF	FDM	OR	TARFD	FRABC
{3,4,8,6,7,2,1}	{1,2,3,4,5,6,7,8,9}	{4,7,2,6,1,3,8}	{1,3,7,4,2}	{5,4,3,2,1}
{5,7,6,28,33}	{3,4,5,9,16,31,32}	{8,22,34,27,32,6}	{3,1,5,7}	{6,5,3}
{462,461,460,459,458,73,457,106,456,455,453,454,107,105,74,395,103,70,71,72}	{8,47,325,387,403,410,477,509,608}	{584,547,395,394,549,43,516,454,413,107,397,458,414,515,391,412,456,455,411,453}	{302,325,403,410,477,8,73,69,387,461,66,467,269,19,46,47,509,608}	{608,584,547,460,458,457,411,396,394,391,325,269,135,107,103,73,71,70,69,43}
{3,4}	{1,2,3,4}	{3,4}	{3,4}	{3,4}
{12,7,8,11,9}	{1,2,5,6,10,12,15,16,18}	{9,12,8,7,11,3}	{3,8,10,17}	{16,10,8,5,1}
{7,13,37,6,31,12,20}	{1,13,17,29,30,36}	{37,13,6,7,12,31,20,14,22}	{1,15,10,7,11,27}	{31,26,25,20,7,4}
{15,7,8,16,14,6,17}	{1,3,8,10,11,15,20}	{15,8,13,7,6,18,14,11,17,9,16,10}	{20,4,9,13,16}	{20,12,10,9,8}

表 6.5　JRip 条件下分类精度比较

约简算法	Origin		Re		IG		FCBF		FDM		OR		TARFD		FRABC	
	AN	Acc/%	AN	Acc/%	AN	Acc/%	AN	Acc/%	AN	Acc/%	AN	Acc/%	AN	Acc/%	AN	Acc/%
Glass	9	68.69	6	65.89	7	68.69	7	68.69	9	68.69	7	68.69	5	64.01	5	62.62
Ion	34	89.74	10	88.89	10	90.31	5	89.74	7	90.88	6	85.19	4	90.03	3	91.45
Isolet5	617	66.71	23	45.29	15	29.31	20	38.42	9	31.30	20	53.43	18	46.18	20	54.20
Iris	4	94.00	2	95.33	2	95.33	2	95.33	4	94.00	2	95.33	2	95.33	2	95.33
Vehicle	18	68.56	8	64.89	7	65.60	5	49.88	9	64.54	6	57.33	4	61.82	5	61.58
Water2	38	82.73	10	83.49	6	83.69	7	82.73	6	82.92	9	83.88	6	81.57	6	83.30
Wav	21	76.10	10	75.60	7	68.10	7	68.10	7	73.00	12	74.70	5	68.20	5	69.40
average	105.86	78.08	9.86	74.20	7.71	71.58	7.57	70.41	7.29	72.19	8.86	74.08	6.29	72.45	6.57	73.98

表 6.6 决策树 C4.5 条件下分类精度比较

约简算法	Origin		Re		IG		FCBF		FDM		OR		TARFD		FRABC	
	AN	Acc/%	AN	Acc/%	AN	Acc/%	AN	Acc/%	AN	Acc/%	AN	Acc/%	AN	Acc/%	AN	Acc/%
Glass	9	66.82	6	66.82	7	69.63	7	69.63	9	66.82	7	69.63	5	71.96	5	71.50
Ion	34	91.45	10	93.16	10	92.30	5	88.32	7	90.60	6	84.90	4	91.17	3	94.02
Isolet5	617	78.06	23	51.12	15	34.96	20	47.53	9	39.90	20	61.06	18	52.21	20	63.31
Iris	4	96.00	2	96.00	2	96.00	2	96.00	4	96.00	2	96.00	2	96.00	2	96.00
Vehicle	18	72.46	8	70.45	7	66.43	5	56.97	9	71.16	6	66.55	4	67.61	5	64.07
Water2	38	90.00	10	81.57	6	83.11	7	83.30	6	82.34	9	83.87	6	83.30	6	85.60
Wav	21	74.30	10	72.60	7	69.60	7	69.60	7	72.20	12	73.70	5	71.20	5	70.60
average	105.86	81.30	9.86	75.96	7.71	73.15	7.57	73.05	7.29	74.15	8.86	76.53	6.29	76.21	6.57	77.87

对表 6.4 至表 6.6 进行分析可以得出以下结论：

(1)由表 6.4 中不同的约简子集可以看出，Re、IG、FCBF、OR 和 FDM 算法均对特征数量进行了较大幅度的约简，与这几种算法相比较，TARFD 算法产生的约简结果平均属性子集最小[236]，而 FRABC 算法得到的约简结果与之相差不大。

(2)从表 6.5 的数据可以看出，若采用 JRip 分类器，则应用 TARFD 和 FRABC 算法产生的属性子集平均分类准确率较 Re 和 OR 算法略低，但此时属性个数明显较少[236]；与 IG、FCBF 和 FDM 算法相比较，TARFD 和 FRABC 算法用较少的平均属性获得了较高的分类准确率[236]。

(3)由表 6.6 可知，采用 C4.5 决策树时，除 OR 算法外其他算法产生的属性子集分类准确率都低于 TARFD 算法[236]。但是 OR 算法产生的平均属性数目明显多于 TARFD 算法，其差值达到 2.57，与除 Re 算法外的其他算法相比较，此差值最大；然而，即使 Re 算法得到的平均属性数目与 TARFD 算法相差 3.57，其得到的正确率仍然低于 TARFD 算法；而由 FRABC 算法得到子集的分类准确率高于其他算法[236]。

上述实验结果表明，TARFD 与 FRABC 算法在得到最小属性约简子集的同时，并没有明显降低分类性能，相反，多数情况下相较其他算法的分类正确率还略有提高，这说明基于 TARFD 和 FRABC 算法的属性约简算法不仅可以降低属性维数，而且在一定程度上可以保证分类器的正确率[236]，验证了 TARFD 和 FRABC 属性约简方法的有效性。

实验二

下面以雷达辐射源信号识别为例，在说明 TARFD 和 FRABC 算法的有效性的同时，得到第 4 章和第 5 章所提出特征集的最优子集。为了便于书写，特将提取出的辐射源信号特征集中的各特征以序号表示，以 Zernike 矩为例，其特征集为

$$\boldsymbol{F}_Z=[Z_{11},Z_{22},Z_{31},Z_{33},Z_{42},Z_{44},Z_{51},Z_{53},Z_{55},Z_{62},Z_{64},Z_{66}] \quad (6.57)$$

将 F_Z 以序号简写后可表示为

$$F_Z=\{1,2,3,4,5,6,7,8,9,10,11,12\} \quad (6.58)$$

依据第5章实验中所描述的信号参数，仿真产生典型信噪比(SNR= 15 dB)情形下 6 类雷达脉冲数据，各类信号对象(样本)数都为 100，提取的特征包括熵特征 F_E、Hu-不变矩特征 F_φ、Zernike 矩特征 F_Z、伪 Zernike 矩特征 F_P 和灰

度共生矩阵特征 F_G 共 5 类特征集合,其中特征集 F_φ 用来进行比较,特征的维数用 d_{im} 表示,仿真时提取的这几种特征的对象数和类别数分别都为 600 和 6。表 6.7 列出了不同约简方法得到的特征集约简结果。

表 6.7　特征集约简结果

约简算法	F_φ	F_E	F_Z	F_P	F_G
	$d_{im} = 7$	$d_{im} = 3$	$d_{im} = 12$	$d_{im} = 15$	$d_{im} = 20$
Re	$\{1,2,6,4,7\}$	$\{1,2,3\}$	$\{12,8,2,10,6,5\}$	$\{10,14,2,4,7,11\}$	$\{20,5,1,9,15,14,13,8,16,3\}$
IG	$\{1,2,6\}$	$\{1,2,3\}$	$\{8,10,2,7,3,12\}$	$\{1,2,3,4,5,6,7\}$	$\{1,5,9,13,20\}$
FCBF	$\{1,2,4\}$	$\{1,3\}$	$\{10,11\}$	$\{13,14,10,11,7,9\}$	$\{1,5,8,14,20\}$
FDM	$\{1,2,6,4,7,5,3\}$	$\{1,3\}$	$\{2,11,12\}$	$\{1,2,3,4,5,6,7,8\}$	$\{1,5,9,14,20\}$
OR	$\{1,2,6,4,7,5,3\}$	$\{1,2,3\}$	$\{5,12,6,7,11,10,8,2\}$	$\{2,4,7,13,14,9\}$	$\{1,3,5,9,13,20\}$
TARFD	$\{2,1\}$	$\{1,2,3\}$	$\{5,10\}$	$\{2,14\}$	$\{14,4\}$
FRABC	$\{2,1\}$	$\{1,2,3\}$	$\{5,10\}$	$\{2,14,13\}$	$\{14,4,11\}$

　　为保持本书前后数据的横向可比性,此处与第 4 章和第 5 章采用同一分类器进行实验,即以支持向量机为分类器进行分类识别,其分类精度的比较情况见表 6.8。

　　表 6.8 中的结果表明,TARFD 算法在没有明显降低平均分类正确率的同时,可以获得最小的平均特征子集,与之相比,FRABC 算法获得的特征子集次之。另外,与包含 TARFD 算法在内的其他约简方法相比,FRABC 算法获得平均正确率最高。表 6.8 中的结果再次说明这两种算法是有效且鲁棒的。

　　对比表 6.5、表 6.6 和表 6.8 中的结果可以发现,在三种不同分类器,即 JRip、C4.5 决策树和支持向量机的仿真场景下,TARFD 和 FRABC 算法得到的特征子集分类性能都较好,说明了这两种算法的鲁棒性。

表 6.8　不同特征子集分类识别的统计结果

约简算法	F_φ		F_E		F_Z		F_P		F_G		平均值	
	AN	$\frac{\mathrm{Acc}}{\%}$	AN	$\frac{\mathrm{Acc}}{\%}$	AN	$\frac{\mathrm{Acc}}{\%}$	AN	$\frac{\mathrm{Acc}}{\%}$	AN	$\frac{\mathrm{Acc}}{\%}$	AN	$\frac{\mathrm{Acc}}{\%}$
Origin	7	76.47	3	97.17	12	89.18	15	92.59	20	86.04	11.4	88.36
Re	5	72.83	3	97.17	6	88.83	6	88.03	10	84.50	6	86.07
IG	3	73.59	3	97.17	6	91.33	7	81.98	5	84.67	4.8	85.53
FCBF	3	73.67	2	92.04	2	83.33	6	89.83	5	85.03	3.6	84.57
FDM	7	71.83	2	92.04	2	85.33	2	81.98	6	84.67	5	83.17
OR	7	71.83	3	97.17	7	90.00	6	89.50	6	85.67	5.8	86.63
TARFD	2	76.15	3	97.17	2	88.50	2	81.10	2	85.03	2.2	85.53
FRABC	2	76.15	3	97.17	2	88.50	3	89.33	2	85.03	2.6	87.20

另外,由表 6.8 中不同脉内特征子集分类正确率的对比可以看出,TARFD 和 FRABC 算法得到约简子集的分类结果均接近未约简前的分类结果,说明由这两种算法得到的特征子集可以获得原特征集的绝大部分分类信息,因此下一章节利用这几种特征集的子集进行聚类分选,综合考虑正确率和分类精度之间的关系,选用由 TARFD 和 FRABC 算法得到以下特征子集来表征辐射源信号的脉内信息:熵特征中的样本熵、模糊熵和归一化能量熵特征,即 $\boldsymbol{F}'_E=[S_e,F_e,P_e]$,Hu-不变矩中的 1 阶和 2 阶矩 $\boldsymbol{F}'_\varphi=[\varphi_1,\varphi_2]$,Zernike 矩特征子集 $\boldsymbol{F}'_Z=[Z_{42},Z_{62}]$,伪 Zernike 矩特征子集 $\boldsymbol{F}'_P=[P_{21},P_{53},P_{54}]$ 和双谱平滑灰度共生矩阵特征子集 $\boldsymbol{F}'_G=[f_4,f_{14}]$,其中 $\boldsymbol{F}'_\varphi$ 仍用于后面的实验对比。

6.5　本 章 小 结

属性约简是模糊粗糙集理论的核心内容之一。本章从两个方面对基于模糊粗糙集的特征选择,即属性约简方法进行了研究。一方面,将模糊依赖度的概念进行扩展,通过综合考虑属性-类别和属性之间的依赖关系来确定属性的重要性和冗余性,并据此提出了一种基于模糊依赖度的两步属性约简(TAR-FD)方法。TARFD 以候选属性集为起点,依据冗余属性集的定义逐次剔除重要度较小的属性。对选取的 UCI 数据集进行了仿真实验,结果表明,TAR-FD 算法克服了传统约简方法的结果中含有冗余属性的问题,能够得到数据集的最小属性约简[236],同时在一定程度上保证了分类正确率。另一方面从模糊粗糙集依赖度入手,构建了反映属性子集重要性和约简率的适应度函数,并以此函数为准则利用人工蜂群算法对数据集进行属性约简。对选取的 UCI 数据集进行了仿真实验,结果表明[236],模糊粗糙人工蜂群算法(FRABC)克服了传统方法的约简结果中含有冗余属性的问题,能够得到数据集的最小属性约简,平均约简率达 76.61%[236]。

本章最后对第 4 章和第 5 章提取出的辐射源信号脉内特征进行实验,选出了可靠的 4 种特征子集用以分类识别雷达信号,其平均正确率在典型信噪比下可达 90%左右,分类识别效果较好。

第7章 雷达辐射源信号分选实验

7.1 引 言

在第 3 章中,本书利用 MCMSVC 聚类算法联合 SE 指标(SE‑MSVC)的方法,对来自不同方向的辐射源信号脉冲流进行了脉间参数(RF、PW 和 DOA)的分选实验,验证了该分选方法的有效性。然而,随着复杂体制雷达的广泛应用,现代电子对抗环境日益复杂化,电磁威胁环境的信号密度已达百万量级[28],这意味着来自同一方向的辐射源脉冲流也具有密集复杂的特性,因此,在这种情形下仅利用 RF 和 PW 参数进行分选时性能大为降低。考虑到这一问题,在第 4 章和第 5 章分别提取出了熵特征和双谱二次特征用以表征辐射源信号的脉内数据特点,即扩充常规参数集合,以新特征描述雷达信号的脉内调制差异,解决了雷达体制复杂、波形多样化和单一方向等造成的常规参数在各参数域都可变化,甚至交叠而造成的难以有效分选的问题。

但是,所提取的脉内特征并非都含有分类信息,过多的特征可能不仅无益于分选效果,反而降低分选效率。因此从特征的变化规律和分布形式、抗噪性能等方面综合考察各特征有效性的同时,本书在第 6 章就特征选择进行了研究,并选出一组可靠的特征子集,在有效降低脉内特征维数的同时,最大化地保证了分类效果。另外,考虑到脉内数据量通常情况下非常庞大,如果直接对所有脉内数据进行变换并提取新特征用于信号分选,那么将会严重降低 ESM 系统的实时性能。本书在第 2 章给出了一种综合脉间参数和脉内特征的信号分选方法,利用脉间参数进行预分选,尽可能保证分选出脉冲的可靠性,避免多选脉冲;然后对漏选脉冲进行特征提取,利用脉内特征完成信号的最终聚类分选。通过这样的操作,一方面在利用脉间参数较容易获取的同时又利用到脉内特征在表征雷达信号时的信息完备性,结合了二者的优点;另一方面通过在常规参数域和脉内特征域分别进行分选,降低了脉冲参数交叠概率,提升分选性能。

本章就上述几个问题进行理论和实验分析,即首先对来自同一方向的脉冲流进行脉间参数的 SE‑MSVC 分选实验,说明仅利用脉间参数进行分选时存在的缺点,并指出利用脉内特征进行分选的必要性;然后利用辐射源信号的脉内特征进行 SE - MSVC 分选实验,并得出可以较好表征辐射源信号的最小脉内特征子集;最后提出了一种综合利用脉间参数和脉内特征的核簇支持向量聚类(CCSVC,Core Cluster Support Vector Clustering)分选方法,并通过实验验证了该方法的有效性。

7.2 实 验 数 据

在进行实验前,首先对表 3.5 所列的脉间参数进行调整,即添加脉内数据用以说明后面利用脉内特征进行分选的有效性,同时假设脉冲流来源于同一方向,则调整后的参数见表 7.1。

表 7.1 辐射源信号参数

雷达编号	PRI/μs	RF/MHz	PW/μs	脉内类型
Rd1	200～330 重频滑变	3 200～3 400 单脉冲捷变	15 固定	CW
Rd2	550/680/850 三参差	3 000～3 300 三脉冲跳频, 12 频点	10～20 捷变	LFM
Rd3	780 重频抖动 抖动量为 15%	2 850～3 150 三脉冲捷变	32 固定	BPSK
Rd4	250～450 重频捷变(与 RF 同步)	2 900～3 100 三脉冲脉组捷变	10 固定	QPSK
Rd5	960/1 050/1 160/1 290/ 1 440/1 610 六参差	3 250～3 550 单脉冲捷变	20～32 捷变	NLFM
Rd6	900 重频抖动 抖动量为 15%	3 300～3 500 双脉冲捷变	25 固定	FSK

脉内调制方式中,LFM 的频偏要求保持 $B\tau$ 为 100 MHz · μs,其中 B 为带宽,τ 为脉宽;BPSK 和 FSK 采用 13 位 Barker 码,QPSK 采用 16 位 Frank码,NLFM 的带宽取 6～10 MHz,采用正弦频率调制。由表 7.1 可知,待分选的 6 部雷达除了具有交叠严重的脉间参数外,其脉内调制规律也具有复杂多变的特性。

设接收机中频为 30 MHz,带宽为 20 MHz,ADC 采样频率为 150 MHz, 用 0 到总截获时间 T_{int} 内的均匀分布的随机数仿真个辐射源的起始脉冲的 TOA。当总截获时间为 $T_{int}=50$ ms 时,一次典型实验(SNR $=15$ dB)共生成表 7.1 中的 6 部雷达脉冲共 476 个,其生成脉冲和剩余脉冲的详情见表 7.2。

表 7.2　仿真产生脉冲的丢失情况

辐射源	Rd1	Rd2	Rd3	Rd4	Rd5	Rd6	总数	丢失率
生成脉冲	152	59	65	112	32	152	476	9.24%
剩余脉冲	138	54	59	101	29	138	432	

7.3　基于脉间参数的辐射源信号分选方法

7.3.1　基于 PRI 的分选方法

正如综述中分析的,利用单脉间参数进行分选的方法主要是通过对 TOA 进行变换,得到辐射源脉冲流的 PRI 后再进行进一步的分选。下面以用的较多的 PRI 变换方法进行说明。

PRI 变换是一种基于脉冲到达时间序列的复值自相关积分算法,该算法将脉冲序列的 TOA 差值变换到一个 PRI 谱上,由谱峰位置即可估计脉冲序列所对应的 PRI 值[36,37]。PRI 变换算法因其能够很好地抑制谐波和脉冲抖动而受到广泛关注[40-43],本章利用 PRI 变换对上述 $T_{int}=50$ ms 时得到的数据进行仿真实验,结果如图 7.1 所示。

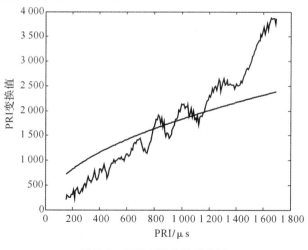

图 7.1　PRI 变换分选示意图

由图 7.1 可知,利用 PRI 变换方法进行分选时基本失效。仅能分离出 Rd2 和 Rd5 两部雷达中的少量脉冲信号,残差鉴别失败,造成较多的虚警。造成这种现象的原因在于:待分选的 6 部雷达信号 PRI 调制规律较为复杂,不仅包含抖动、滑变和参差重频,而且同时还具有重频捷变的雷达信号,这种复杂的重频变化规律造成了 PRI 变换方法的失效。

7.3.2　基于多参数的分选方法

利用第 3 章提出的分选方法对交织信号进行分离实验,实验时首先取 [RF,PW] 为特征参数,由表 7.2 中所列剩余脉冲所对应的 RF 和 PW 的分布情况如图 7.2 所示。

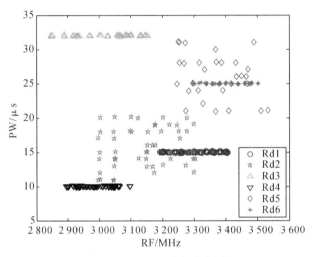

图 7.2　RF 和 PW 特征分布图

由图 7.2 可以看出,除 Rd3 外其他辐射源信号的 RF - PW 特征均有不同程度的交叠,因此理论上依靠这两个特征难以分离出不同的辐射源信号。下面利用 K - means 与 SE - MSVC 分选方法进行对比说明,在说明该特征向量不利于信号分选的同时,验证 SE - MSVC 方法的优越性。实验时首先对特征向量进行归一化,并设定不存在漏选脉冲。3 次典型 K - means 聚类生成的结果如图 7.3 所示。

图 7.3 中,C1 表示由算法生成的第 1 个聚类,C2 等含义以此类推,符号 "×"表示聚类中心。由图可以看出,即使指定聚类数目,K - means 聚类方法仍然常将 Rd5 和 Rd6 聚为一类,与此对应,将 Rd1 分裂为两类,同时还可以看出,其他簇类也均有不同程度的错误聚类。

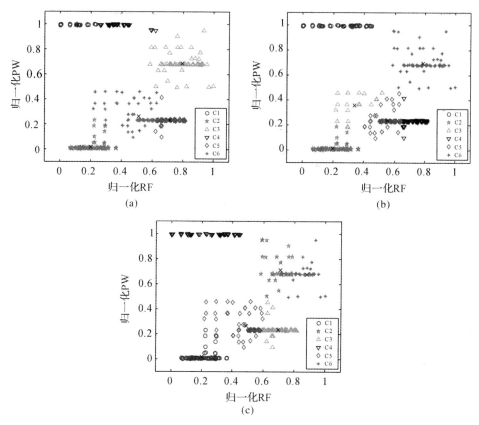

图 7.3　典型 K‑means 聚类结果

(a)聚类结果 1；　(b)聚类结果 2；　(c)聚类结果 3

对于 SE‑MSVC 方法来讲,其惩罚因子 C、高斯核宽度 q 和有效性验证指标 SE 参数对聚类结果的有效性起着至关重要的作用。这里根据第 3 章提出的算法,利用一次典型的分选过程对利用 SE 调整 C 和 q 的过程予以说明。

首先令 $C=1$,并根据下式计算初始 q 值,得 $q=0.607$,下式确定的初始 q 意味着所有数据点对形成的核函数值较大,从而使得所有数据仅形成一个簇类,而 $C=1$ 确保此时不会形成边界支持向量,即异常值。

$$q = \frac{1}{\max_{ij} \parallel \boldsymbol{g}_i - \boldsymbol{g}_j \parallel^2} \tag{7.1}$$

然后根据参数 q 运行 MCMSVC 算法,得到一个中间聚类结果,此时的聚类状态如图 7.4(a)所示,其中光滑曲线表示等值线,符号"○"表示支持向量,其余不同方向、不同形式的符号表示不同的簇类。图 7.4(a)表明此时仅有一个簇类,根据第 3 章中的参数调整算法,启发式增大 q 值,当 $C=1,q=18$ 时得到的聚类状态如图 7.4(b) 所示。

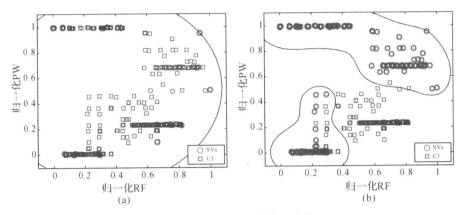

图 7.4　聚类边界随参数的变化

$(a)C=1,q=0.607$；　$(b)C=1,q=18$

由图 7.4 可知,支持向量数目急剧增多,因此根据 $p=1/(NC)$ 启发式减小 C 值[151],式中 $N=432$ 表示样本数量,p 表示允许边界支持向量所占比例。减小 C 值后根据上次运行算法时用到的 q 继续执行 SVC 算法,并判断此时聚类结果中的 SVs 数目是否急剧增多或者是否包含单样本向量形成的聚类,若两个条件都为假,则根据修正锥面聚类标识(MCCL)算法,对聚类结果中的异常值进行处理,并由处理后的聚类结果计算 SE 值,若 SE 不为最大值,则继续增大 q 值来执行算法,并按照有效性验证指标 SE 调整参数的步骤继续执行算法。

图 7.5(a) 中显示了在参数 $p=0.05,q=30$ 时的聚类结果(此时尚未利用 MCCL 算法处理异常值),可见随着 q 的增大,包含绝大多数样本的簇类分裂为多个具有意义的簇类。根据 MCCL 算法对异常值进行处理,则得 SE 值为 0.708 9。同时图 7.5(a) 也表明参数 C 起着平滑聚类边界的作用。最终聚类分布由图 7.5(b) 和 7.5(c) 给出。

由图 7.5(b) 可以看出,由于辐射源 Rd1 和 Rd2,Rd5 和 Rd6 的 RF - PW 特征交叠严重,可分性较差,因此即使利用具有较好聚类性能的 SE - MSVC 方法进行分选,仍难以有效区分上述 4 个辐射源。但是反过来讲,SE - MSVC 通过非线性映射可以增加交叠特征线性可分的概率,因而即使 Rd2 的 RF - PW 特征位于 Rd4 特征内部,即辐射源 Rd4 将 Rd2 的部分特征样本完全覆盖,仍然可以有效区分开二者,图 7.5(c)显示了这一聚类结果,也说明 SE -MSVC 方法能较好地分辨、提取并放大有用特征。

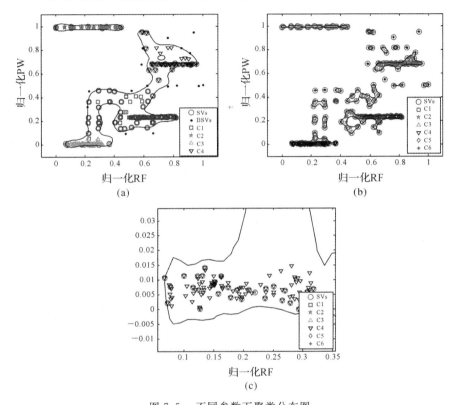

图 7.5　不同参数下聚类分布图

(a)$p=0.05,q=30$;　(b)$p=0.107,q=235$;　(c)簇类 C4 放大效果

需要注意的是,图 7.5(b)显示的结果是经 MCCL 算法处理异常值后的聚类情况。

聚类过程中惩罚因子 C(用 p 描述),高斯核宽度 q,SE 指标值和聚类数目值随迭代次数的变化趋势如图 7.6 所示,图中 q 值取自然对数,p 放大 10 倍与其他参数作比较。

图 7.6 中,"p value"和"q value"分别表示描述参数 C 和 q 的值,"Index"和"Cluster"分别表示 SE 指标值和聚类数目。

由图 7.6 可知,随着参数 p 和 q 的增加,当 SE 指标达到最大值 2.367 2时获得最佳聚类效果,且聚类数目与辐射源个数一致,此时对应的参数分别为$p=0.107$,$\ln q=5.461$,迭代次数为 145 次。之后随着 q 值的增加,有效性验证指标值急剧减小,说明 q 值再次增加后由算法确定的簇类间的类间聚集性和类间分离性恶化,因此,利用 SE 指标值,聚类算法 MCMSVC 能够正确地给出聚类结果。

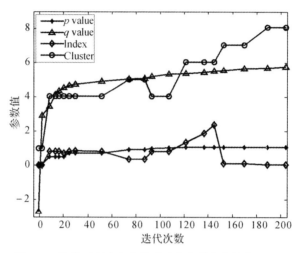

图 7.6　聚类过程中各参数随迭代次数变化趋势图

对利用 K‐means 算法与 SE‐MSVC 分选方法进行对比,20 次分选的统计平均结果见表 7.3。其中,每次分选实验时参数 p 和 q 的调整步长不同,误选脉冲是指属于当前辐射源而被分到其他辐射源的脉冲,n_i 表示第 i 类辐射源信号的实际脉冲数。

表 7.3　两种聚类方法分选结果对比

分选方法	分选效果	Rd1 $n_1=138$	Rd2 $n_2=54$	Rd3 $n_3=59$	Rd4 $n_4=101$	Rd5 $n_5=29$	Rd6 $n_6=51$
K‐means	正确分选数	127	19	30	81	13	10
	误选脉冲数	11	35	29	20	16	41
	总分选正确率	64.81%					
SE‐MSVC	正确分选数	119	32	59	83	3	51
	误选脉冲数	19	22	0	18	26	0
	总分选正确率	80.32%					

由表 7.3 可以看出,利用 K‐means 算法得到的分选效果不理想,其平均

分选正确率仅为 64.81％,且辐射源 Rd6 所产生的脉冲几乎全部错选,这样会造成较大的漏警概率。另外,结合图 7.3 不难发现,K‑means 算法往往将 Rd5 和 Rd6 归为一类,从而造成这两种辐射源错选脉冲也较多,如果算法将这两种辐射源归为一类的话也会造成漏警。对于其他辐射源,正确分选脉冲数量也相对较低。究其原因,主要是由 K‑means 算法随机初始化的聚类中心造成的。

而利用 SE‑MSVC 分选方法可得到 80.32％分选正确率,效果较好,除辐射源 Rd2 和 Rd5 错选的脉冲相对较多外,其他信号源正确分选的脉冲超过了80％,由图 7.2 可以看出,辐射源 Rd5 与 Rd6 的二维特征交叠程度相比其他辐射源要严重许多,从而造成可分性极低,即使利用 SVC 通过非线性映射增加这些交叠特征线性可分的概率,仍然造成了 Rd5 的脉冲大部分被错选的情况,这说明利用辐射源信号的 RF‑PW 二维特征进行分选时效果不很理想。

另外,利用[PW, DOA]、[RF, DOA]和[RF,PW, DOA]三个特征向量也可进行分选,在第 3 章中以[RF, PW, DOA]为参数对信号进行了分选实验,结果表明该方法是有效的。但是考虑到若交织脉冲流来源于同一方向,则此时 DOA 仅可用于预分选,因而此时将[PW, DOA]、[RF, DOA]和[RF,PW, DOA]作为特征参数时分选效果不佳。基于这种考虑,在第 4 章和第 5章提取出新的特征参数用于进行辐射源信号的分选,同时就提取出的特征进行了分类识别实验,结果表明了这些参数的有效性。下面利用这些特征做为辐射源信号的特征参数进行分选实验。

7.4　基于脉内特征的辐射源信号分选方法

在第 6 章对脉内特征集的特征选择情况进行了实验,结果表明,利用基于模糊依赖度的两步属性约简(TARFD)方法和模糊粗糙人工蜂群(FRABC)算法选取的各特征集子集大小和分类效果相差不大,综合考虑两种算法之间的利弊,对于提取的熵特征集 F_E,Zernike 矩特征集 F_Z,伪 Zernike 特征集 F_P,灰度共生矩阵(GLCM)特征集 F_G,以及用于比较的 Hu-不变矩特征集 F_φ,此处利用由 TARFD 产生的子集 F'_E、F'_Z、F'_G、F'_φ 和由 FRABC 算法产生的子集 F'_P 为各特征集的最优子集进行分选实验,这里设实验环境位于典型信噪比下(SNR＝15 dB,此处仅考虑脉内噪声)。下面先对前面几章中提出脉内特征提取算法做以简单总结。

熵特征提取中,样本熵 S_e 和模糊熵 F_e 的提取方法如下:

（1）对辐射源信号脉内数据进行预处理，以降低熵特征受载频及噪声影响；

（2）为避免信号长度的差异对熵特征提取时带来的影响，对信号进行带宽归一化并进行重采样；

（3）确定估计样本熵 S_e 时用到的参数，即取尺度参数 $m=2$ 和容限参数 $r=0.2\sqrt{2}\sigma$；

（4）通过求得模糊集的熵最大值来获得模糊熵 F_e 的最优参数 a、b 和 c 的值；

（5）利用样本熵估计算法和模糊熵公式分别计算 S_e 和 F_e。

归一化能量熵特征 P_e 可如下提取：

（1）按照镜像闭合延拓法对数据序列进行端点延拓，并进行重采样；

（2）根据收敛准则确定信号序列的 EMD 分量；

（3）根据公式求得各 IMF 分量的归一化能量；

（4）利用香农公式计算辐射源信号的归一化能量熵 P_e。

最后得到熵特征子集 $\boldsymbol{F}'_E=[S_e,F_e,P_e]$。

双谱二次特征提取算法主要按照下述方法进行：

（1）对脉内数据进行重采样，以保持各信号相同的长度；

（2）利用双谱估计直接法求解辐射源信号脉内序列的双谱；

（3）利用实信号双谱的对称性，确定包含双谱全部信息的如下区域：

$$w_2\geqslant 0,\quad w_1\geqslant w_2,\quad w_1+w_2\leqslant\pi \qquad (7.2)$$

条件中，w_1 和 w_2 表示双谱的频率轴，双谱二次特征提取的后续算法在此区域内进行；

（4）将上述区域内的双谱转化为灰度图像；

（5）分别根据 Hu-不变矩、Zernike 矩、伪 Zernike 矩和灰度共生矩阵的计算公式直接计算需要的特征子集 $\boldsymbol{F}'_\varphi=[\varphi_1,\varphi_2]$，$\boldsymbol{F}'_Z=[Z_{42},Z_{62}]$，$\boldsymbol{F}'_P=[P_{21},P_{53},P_{54}]$ 和 $\boldsymbol{F}'_G=[f_4,f_{14}]$。

值得注意的是，计算灰度共生矩阵特征时，先求出四个主要方向的共生矩阵，然后对其进行平滑处理后再提取特征，步长取为 1。

为保证数据具有可比性，需要对每一维特征序列进行正规化处理，此处按照式（7.4）所表示的区间值化方法对其进行处理。

$$f(i)=\frac{f(i)-\min[f(i)]}{\max[f(i)]-\min[f(i)]},\quad i=1,2,\cdots,N \qquad (7.4)$$

式中，$\boldsymbol{f}=[f(1),f(2),\cdots,f(N)]$ 表示特征向量；N 表示向量维度。

由上述方法提取脉内特征并经预处理后，某次实验各特征子集的特征分布如图 7.7 所示。

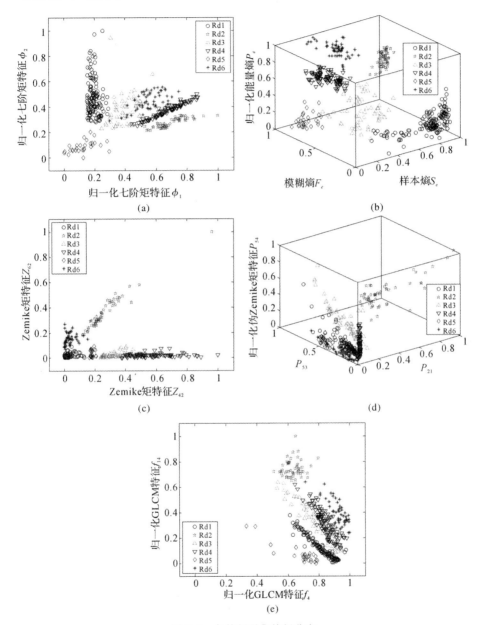

图 7.7　各特征子集特征分布

(a)Hu‐不变矩特征子集分布；　(b)熵特征分布；　(c)Zernike 矩特征子集分布；

(d)伪 Zernike 矩特征子集分布；　(e)GLCM 特征子集分布

下面利用上述 5 种特征子集进行信号分选,仍然利用 MCMSVC 算法进行聚类,并利用 SE 指标调节聚类参数。仿真时设定初始值 $C=1$,q 按照式 (7.2)计算,参数调整与利用脉间参数分选时调整的步骤类似。另外,由表7.2 可知,辐射源 Rd1~Rd6 用于分选的实际脉冲数分别为 138,54,59,101,29 和 51,利用 SE - MSVC 对各特征子集表示的辐射源信号进行分选,其结果见表 7.4,表中结果为 20 次分选结果的统计平均,n_i 表示第 i 类辐射源信号的实际脉冲数。

表 7.4　利用各特征子集进行分选时的结果比较

特征子集	分选效果	Rd1 $n_1=138$	Rd2 $n_2=54$	Rd3 $n_3=59$	Rd4 $n_4=101$	Rd5 $n_5=29$	Rd6 $n_6=51$
F'_φ	正确分选数	132	49	25	75	26	32
	误选脉冲数	6	5	34	26	3	19
	总分选正确率	78.47%					
F'_E	正确分选数	137	54	34	86	25	42
	误选脉冲数	1	0	25	15	4	9
	总分选正确率	87.50%					
F'_Z	正确分选数	114	54	34	95	13	40
	误选脉冲数	24	0	25	16	16	11
	总分选正确率	81.01%					
F'_P	正确分选数	118	54	39	53	49	45
	误选脉冲数	20	0	20	49	0	6
	总分选正确率	82.87%					
F'_G	正确分选数	136	49	44	51	28	30
	误选脉冲数	2	5	15	47	1	21
	总分选正确率	82.17%					

由图 7.7 和表 7.4 可以得出以下结论:

(1)图 7.7(b)中显示的特征子集分布表明,与第 4 章得到的结论类似,分别具有 CW、LFM 和 NLFM 调制方式的 Rd1、Rd2 和 Rd5 三维熵特征类内聚集性较好,因而利用熵特征分选时这三类辐射源信号误选脉冲较少,尤其是辐射源 Rd2 全部分选正确,而 Rd1 和 Rd5 也分别仅有 1 和 4 个误选脉冲,相对而言,Rd3、Rd4 和 Rd6 误选脉冲较多,这是由信号本身所具有的调制方式决定的。表 7.4 中所列 F'_E 项对应的结果显示了上述内容。

(2) 基于双谱二次特征的分选方法,即利用 F'_φ、F'_Z、F'_P 和 F'_G 特征子集进行分选时,由于双谱灰度图像决定了各特征子集均表现出具有一定趋势的特征分布,因此分选正确率均较具有 87.50% 正确率的 F'_E 特征分选结果较低,见表 7.4,但平均 80% 以上的分选正确率也与利用脉间参数得到的分选结果持平,证明了该方法是有效的,另外,表中结果也显示了 F'_Z、F'_P 和 F'_G 几种特征子集的分选效果要好于利用子集 F'_φ 时得到的结果。

(3) 对照表 7.3 中利用脉间参数得到的结果可以看出,Rd2 与 Rd5 都具有较高的误选脉冲,而表 7.4 所列结果表明,除 F'_Z 对应结果中 Rd5 具有较多误选脉冲外,其余特征子集都获得了明显少于利用脉间参数分选时造成的 Rd2 与 Rd5 误选脉冲数目,说明这几种特征提取方法得到的特征子集有效弥补了脉间参数不能有效分选部分信号的缺点。同时这一点可对照图 7.2 中的脉间参数特征分布情况进行阐述。由示意图 7.2 可以看出,辐射源 Rd1 与 Rd2、Rd5 与 Rd6 的 RF - PW 特征分布交叠比较严重,致使利用具有优良分选性能的 SE - MSVC 聚类方法也不能够取得满意效果,得到结果中,Rd2 与 Rd5 的误选脉冲较多。而通过对辐射源信号所对应的脉内数据进行特征提取,补充了除常规参数之外的新特征,从新的角度进行信号的特征表示,取得了较好的分选效果。

虽然 Hu -不变矩特征集和子集在进行分类识别和聚类分选中的效果均不如其他几种特征集,但考虑到该特征集在表征辐射源信号双谱信息时的有效性,在后面的实验中仍然将该特征集加入总的特征向量中来进行聚类实验。

下面考虑综合利用这几种脉内特征进行信号分选,即利用特征向量 $G =$ $[S_e, F_e, P_e, \varphi_1, \varphi_2, f_4, f_{14}, Z_{42}, Z_{62}, P_{21}, P_{53}, P_{54}]$ 完成交织脉冲流的 SE - MSVC 分选,此时仍取表 7.2 所示脉冲数据,则利用 G 进行聚类分选的正确率见表 7.5,表中结果为 20 次分选结果的统计平均,n_i 表示第 i 类辐射源信号的实际脉冲数。

由表 7.5 可知,在同样的典型信噪比下,其 91.67% 的正确率仅比利用 F'_E 作为分选参数得到的平均正确率高 4% 左右,且与表 7.4 所示利用各特征子集得到的结果相比,除 Zernike 矩特征子集 F'_Z 外,其余分选结果都较利用 G 分选得到的 Rd5 误选脉冲的数目少。造成这种现象的原因在于,向量 G 中包含的各特征之间存在相互影响的关系,使得部分辐射源的分选效果反而降低。

表 7.5　利用特征向量 G 进行分选时的结果

分选效果	Rd1 $n_1 = 138$	Rd2 $n_2 = 54$	Rd3 $n_3 = 59$	Rd4 $n_4 = 101$	Rd5 $n_5 = 29$	Rd6 $n_6 = 51$
正确分选数	138	54	48	97	21	38
误选脉冲数	0	0	11	4	8	13
总分选正确率	91.67%					

　　考虑到上述因素以及 TARFD 算法具有相对较低的计算复杂度,再次利用 TARFD 对特征集 G 进行特征选择,在典型信噪比下,仍然按照表 7.2 所示脉冲数据进行实验,则 TARFD 算法的特征选择过程如下所述。

　　按照第 6 章所提出的算法,在 TARFD 中,首先令决策属性 $Q \in \{1,2,3,4,5,6\}$,为叙述方便,令候选特征集为

$$G = [S_e, F_e, P_e, \varphi_1, \varphi_2, f_4, f_{14}, Z_{42}, Z_{62}, P_{21}, P_{53}, P_{54}] =$$
$$[a_1, a_2, a_3, a_4, a_5, a_6, a_7, a_8, a_9, a_{10}, a_{11}, a_{12}] \qquad (7.4)$$

　　然后根据模糊函数计算隶属度。经大量实验发现,综合利用梯形函数和三角函数计算得到的各辐射源信号特征隶属度更有利于特征选择的进行,因此本书采用与图 6.2 类似的隶属函数计算条件属性所对应的隶属度。

　　接着根据式(6.21)计算特征集 G 中每一特征的依赖度 $\gamma'_{a_i}(Q)$,其中 a_i 表示 G 中的第 i 个特征,$i = 1,2,\cdots,12$,得到的各特征依赖度见表 7.6。

　　确定阈值 T_h,并根据阈值判断是否需要预先约简特征,实验中设定 $T_h = 0$,因此直接进行下一步骤。

　　然后按照式(6.22)计算特征 a_i 和 a_j 之间的互依赖度,得到见表 7.7 的互依赖度关系。

　　得到属性间依赖度后,按照条件判断特征是否冗余:如果 $\gamma'_{a_i}(Q) \leqslant \gamma'_{a_j}(Q)$ 且 $\gamma'_{a_j,a_i} \leqslant \gamma'_{a_i,a_j}$,则剔除冗余特征 a_j,其中,$i,j = 1,2,\cdots,m$,$m = |G|$,$i \neq j$,$|G|$ 表示特征集的维数,γ'_{a_i,a_j} 表示表 7.7 中第 i 行第 j 列所示的互依赖度。

表 7.6　各维特征的依赖度

特征	a_1	a_2	a_3	a_4	a_5	a_6	a_7	a_8	a_9	a_{10}	a_{11}	a_{12}
依赖度	0.169 3	0.078 6	0.090 6	0.090 2	0.030 0	0.047 1	0.063 0	0.008 9	0.017 1	0.016 6	0.055 8	0.010 5

表 7.7　特征间的互依赖度关系

特征	a_1	a_2	a_3	a_4	a_5	a_6	a_7	a_8	a_9	a_{10}	a_{11}	a_{12}
a_1	0.500 4	0.121 2	0.124 2	0.175 1	0.142 5	0.047 2	0.085 7	0.039 3	0.148 4	0.167 1	0.057 6	0.160 1
a_2	0.236 1	0.501 4	0.108 5	0.216 3	0.247 0	0.074 6	0.185 5	0.062 0	0.096 1	0.101 3	0.170 7	0.076 6
a_3	0.134 4	0.046 0	0.502 6	0.113 0	0.177 7	0.090 6	0.110 3	0.057 3	0.245 7	0.090 6	0.133 7	0.095 2
a_4	0.101 4	0.083 9	0.092 9	0.503 4	0.105 2	0.101 2	0.087 4	0.074 7	0.072 5	0.088 6	0.109 2	0.068 9
a_5	0.035 4	0.032 9	0.025 2	0.033 6	0.503 0	0.030 8	0.036 8	0.038 2	0.036 0	0.033 1	0.041 0	0.037 0
a_6	0.101 1	0.059 8	0.167 8	0.383 5	0.220 6	0.501 5	0.195 3	0.108 0	0.083 4	0.085 6	0.169 3	0.144 3
a_7	0.101 0	0.101 4	0.149 6	0.313 8	0.063 0	0.106 0	0.504 2	0.068 3	0.088 3	0.130 9	0.061 2	0.079 3
a_8	0.046 6	0.040 9	0.134 4	0.300 9	0.186 1	0.077 3	0.073 8	0.503 4	0.019 3	0.213 3	0.058 7	0.027 3
a_9	0.221 6	0.077 8	0.163 4	0.103 1	0.227 1	0.066 5	0.020 9	0.025 0	0.502 1	0.023 0	0.232 4	0.116 5
a_{10}	0.293 7	0.066 0	0.192 0	0.261 6	0.280 0	0.091 9	0.211 7	0.022 5	0.027 8	0.512 9	0.013 7	0.159 2
a_{11}	0.044 8	0.049 2	0.108 4	0.120 1	0.118 0	0.077 6	0.067 0	0.055 8	0.106 7	0.056 7	0.500 8	0.102 9
a_{12}	0.047 2	0.053 7	0.036 3	0.222 1	0.086 7	0.071 5	0.122 7	0.011 6	0.070 0	0.095 4	0.150 7	0.501 8

例如,由表 7.7 可知,对于特征 a_1 和 a_2,有 $\gamma'_{a_1}(Q)=0.169\,3$,$\gamma'_{a_2}(Q)=0.078\,6$,$\gamma'_{1,2}=0.121\,2$,$\gamma'_{2,1}=0.236\,1$,显然不满足冗余条件。而对于特征 a_3 和 a_4,有 $\gamma'_{a_3}(Q)=0.090\,6$,$\gamma'_{a_4}(Q)=0.090\,2$,$\gamma'_{3,4}=0.113\,0$,$\gamma'_{4,3}=0.092\,9$,此时 $\gamma'_{a_4}(Q)<\gamma'_{a_3}(Q)$ 且 $\gamma'_{4,3}<\gamma'_{3,4}$,因此 a_4 为冗余特征,将其剔除。

将冗余特征剔除完毕后,即可得到特征集 G 的一个子集。表 7.8 列出了约简过程中得到的不同层次的特征子集,其中,最后一次结果是指由 TARFD 算法执行到终止条件后得到的约简子集。

表 7.8 不同约简次数得到的特征子集

约简次数	约简结果	特征维数
原特征集	$\{1,2,3,4,5,6,7,8,9,10,11,12\}$	12
第 4 次约简	$\{1,2,3,8,5,12,9,10,6,11\}$	10
第 7 次约简	$\{1,2,3,8,12,9,10,6,11\}$	9
第 10 次约简	$\{1,2,3,8,9,10,6,11\}$	8
第 12 次约简	$\{1,2,3,8,9,6,11\}$	7
第 13 次约简	$\{1,2,3,8,6,11\}$	6
最后一次结果	$\{2,3,8,6,11\}$	5

从而得到特征集的最优子集:

$$G'=\left[F_e,P_e,f_4,Z_{42},P_{53}\right] \tag{7.6}$$

表 7.8 中的结果表明,Hu-不变矩特征子集属于冗余特征集,而模糊熵特征 F_e、归一化能量熵特征 P_e、双谱灰度共生矩阵的相关特征 f_4、重复度为 2 的 4 阶 Zernike 矩特征 Z_{42} 和重复度为 3 的 5 阶伪 Zernike 矩特征 P_{53} 属于由算法确定的最优特征。

利用特征子集 G' 进行分选,得到 20 次分选统计平均的结果见表 7.9,其中 n_i 表示第 i 类辐射源信号的实际脉冲数。

表 7.9 利用特征子集 G' 进行分选时的结果

分选效果	Rd1 $n_1=138$	Rd2 $n_2=54$	Rd3 $n_3=59$	Rd4 $n_4=101$	Rd5 $n_5=29$	Rd6 $n_6=51$
正确分选数	138	54	48	87	28	38
误选脉冲数	0	0	11	14	1	13
总分选正确率	90.97%					

表 7.9 结果表明,利用子集 G' 进行分选时得到的结果略低于利用 G 得到的结果,平均正确率相差不到 1%,与表 7.5 中结果相比,G' 特征得到的结果中 Rd4 的误选脉冲增多,但分选 Rd5 得到的误选脉冲明显较少,这说明,两种特征集的分选效果相差不大,说明利用子集 G' 进行分选的方法是有效的。另外,考虑到特征维数,特征子集 G' 仅包含 5 维特征,与包含 12 维特征向量的特征集 G 相比,明显使得特征维数得到约简,且得到了与特征集 G 差别不大的分选效果,这说明了提出的特征选择方法的有效性。

7.5 基于脉间参数和脉内特征的分选方法

前一节对基于脉内特征的分选方法进行分析,并说明了该方法的有效性。然而,在实际电磁环境中,信号密度相当大,甚至到达每秒百万个,在如此高密度的复杂电磁环境中,短时间测量脉间数据、脉内数据的工作量相当庞大,如果同时完成所有脉内数据的特征提取并用于信号分选是相当困难的。而利用脉间参数进行分选时又存在不能有效分选出同方向交织信号等缺点。综合考虑以上两点,第 2 章提出了一种新的信号分选框架,以弥补单纯利用脉间参数或脉内特征进行分选时存在的不足。这里对新框架中的分选算法进行说明。

7.5.1 核簇支持向量聚类(CCSVC) 分选

首先定义核簇的概念,即在原 SVC 算法中尽可能多地保留 BSVs,使尽可能多的 SVs 转换成 BSVs,最后剩余各脉间特征的核簇,这样最大限度地保证避免误选脉冲,同时也保证了各特征核簇具有最佳类内聚集性和类间分离性。因此核簇可定义为满足下式的簇类:

$$SE = \max\{SE_c, 2 \leqslant c \leqslant N-1\} \tag{7.6}$$

式中,c 表示由 SVC 聚类算法得到不同的聚类数目,相似熵指标 SE_c 满足下式:

$$SE_c = \frac{H_{sep}(C)}{H_{comp}(C)} \tag{7.7}$$

式中,C 表示由支持向量及等值线内部数据点组成的簇类。

此时,将 CCL 聚类标识算法作如下调整:

步骤 1 首先计算 Z;

步骤 2 计算支持向量对之间的欧氏距离,如果距离小于 $2Z$,则将这两个支持向量归为一类;

步骤 3 重复进行步骤 2 直到所有 SV 完成聚类。

其中:

$$Z = \sqrt{-\frac{\ln\sqrt{1-R^2}}{q}} \qquad (7.8)$$

称调整后的聚类标识算法为 Rectify Cone Cluster Labeling (RCCL)算法,同时称利用 RCCL 进行聚类标识的支持向量聚类(SVC)算法为 Rectify SVC (RSVC)算法,基于以上概念,利用 RSVC 进行分选的步骤如下所述:

步骤 1 根据初始参数执行 SVC 聚类算法;

步骤 2 应用 SE 指标调整聚类参数,与第 3 章调整步骤不同的是,此处 SE 值由 RCCL 算法得到的核簇计算;

步骤 3 根据最终参数运行聚类算法,得到分选结果。

上述 RCCL 算法用以对辐射源信号的脉间参数进行聚类,之后进行的脉内特征分选仍然利用 MCMSVC 算法联合 SE 指标进行。称这种新分选框架为核簇支持向量聚类(CCSVC,Core Cluster Support Vector Clustering)分选方法,其主要步骤可阐述如下:

步骤 1 根据 RSVC 算法对脉间参数所表征的辐射源信号进行聚类分选;

步骤 2 根据步骤 1 产生的漏选脉冲,推出需要进行后续处理的脉内数据;

步骤 3 根据第 4 章和第 5 章提出的算法,对步骤 2 中的脉内数据进行特征提取,此处由表 7.8 得出的结论直接提取相对应的特征并组成特征向量;

步骤 4 利用 SE-MSVC 方法对步骤 3 得出的脉内特征进行聚类分选;

步骤 5 将步骤 1 产生的核簇与步骤 4 产生的分选结果进行合并,完成辐射源信号的分选。

利用 RSVC 算法对脉间参数 RF-PW 进行聚类时,其 SE 调整惩罚因子 C 和高斯核宽度 q 的过程与 7.3 节中所阐述的类似,不同之处在于 SE 值是由核簇计算得到的。典型信噪比(SNR=15 dB)下一次典型分选过程最终所得聚类分布如图 7.8 所示。

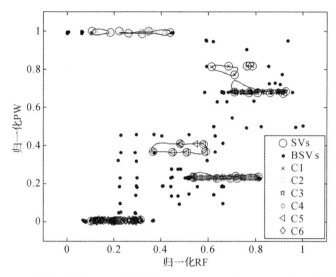

图 7.8　RSVC 算法产生的核簇聚类分布($p=0.130,q=197$,SE$=1.214\ 1$)

为验证 CCSVC 分选算法的有效性,同样利用上述参数进行仿真实验。仿真时利用脉间参数 RF - PW 得到的 RSVC 分选结果见表 7.10。表中,多选脉冲是指属于其他辐射源的脉冲数据被分到当前辐射源,误选脉冲是指属于当前辐射源的脉冲数据被分到其他辐射源的脉冲。多选率定义为:多选率=(多选脉冲数/总脉冲数)×100,误选率定义为:误选率=(误选脉冲数/脉冲总数)×100,漏选率定义为:漏选率=(漏选脉冲数/脉冲总数)×100。表中结果为 20 次实验的统计平均,n_i 表示第 i 类辐射源信号的实际脉冲数。

表 7.10　RSVC 分选结果

分选效果	Rd1 $n_1=138$	Rd2 $n_2=54$	Rd3 $n_3=59$	Rd4 $n_4=101$	Rd5 $n_5=29$	Rd6 $n_6=51$	总数 432	分选百分数/(%)
正确分选数	116	5	46	87	5	42	301	69.68
漏选脉冲数	22	46	13	14	22	9	126	29.17
误选脉冲数	0	3	0	0	2	0	5	1.16
多选脉冲数	2	0	0	1	0	2	5	1.16

表中数据与聚类实际脉冲数和簇核脉冲数的关系如下:

(1)聚类实际脉冲数=正确分选数+漏选脉冲数+误选脉冲数;

(2)簇核脉冲数＝正确分选数＋多选脉冲数。

因此分选产生的结果中,簇核脉冲数为 306 个,漏选脉冲数为 126 个。

由表 7.10 可见,利用 RSVC 算法对脉间参数进行聚类可以达到预期效果,误选脉冲数极少,其误选率仅为 1.16%,产生的"核簇"即认为是利用脉间参数进行分选得到的可靠分选结果,在这个意义上讲,多选率仅为 1.16% 的分选效果对进一步的脉内特征分选不会产生较大影响。

然后对漏选脉冲进行特征提取,根据上节中特征选择的结果,此处仅提取模糊熵 F_e,归一化能量熵 P_e,双谱平滑灰度共生矩阵特征子集 f_4,Zernike 矩特征子集 Z_{42} 及伪 Zernike 矩特征子集 P_{53} 即可,并将其组成特征子集 $G' = [F_e, P_e, f_4, Z_{42}, P_{53}]$ 用以进行信号的 SE‐MSVC 分选,其 20 次分选统计平均的结果见表 7.11,其中 n_i 表示第 i 类辐射源信号的实际脉冲数。

在完成基于 SE‐MSVC 方法的脉内特征分选后,需要对由 RSVC 和 SE‐MSVC 分选方法得到的结果进行合并,合并过程按照以下步骤进行:

步骤 1 首先由 RSVC 分选得到的簇类中随机选取 20% 的脉冲,并提取出这些脉冲对应的脉内特征;

步骤 2 利用 SE‐MSVC 方法对步骤 1 中提取的特征进行聚类分选;

步骤 3 参照第 3 章中更新雷达信号聚类动态库的方法,在脉内特征域中根据 SE 指标将步骤 2 中得到的聚类结果与漏选脉冲的聚类结果进行合并;

步骤 4 将步骤 3 中合并的结果归并到步骤 1 中选取脉冲所属的簇类中,从而完成雷达辐射源信号的 CCSVC 分选过程。

表 7.11 利用漏选脉冲进行分选所得结果

分选效果	Rd1 $n_1=22$	Rd2 $n_2=46$	Rd3 $n_3=13$	Rd4 $n_4=14$	Rd5 $n_5=22$	Rd6 $n_6=9$	总数 126
正确分选数	20	45	9	12	22	6	114
误选脉冲数	2	1	4	2	0	3	12
分选正确率	90.48%						

记由 RSVC 分选产生的正确分选脉冲数为 m_1,利用漏选脉冲进行分选得到的正确分选数脉冲数为 m_2,同时记总脉冲数为 m,则综合脉间参数与脉内特征进行分选,即利用 CCSVC 算法得到的平均正确率 A_c(%)定义为

$$A_c = \frac{m_1 + m_2}{m} \times 100\% \tag{7.10}$$

则由表 7.10 和表 7.11 可以看出,利用 RSVC 算法对脉间参数进行预分选,利用 SE－MSVC 分选方法对漏选脉冲进行分选时,其结果与利用 SE－MSVC 对脉间参数和脉内特征各自进行平行分选得到的效果相差不大,而利用 CCSVC 算法得到的分选正确率为 96.06%,高于仅利用脉间参数和脉内特征分选得到的结果,这表明,CCSVC 算法不仅降低了 ESM 系统的工作负担,同时也提高了分选正确率。其原因在于,脉间参数与脉内特征属于不同的参数域,分属不同参数域的特征包含更多的信号信息,同时不同参数域也降低了特征参数的交叠程度,因而更有利于信号分选。

7.5.2　CCSVC 分选算法性能分析

SVC 算法不仅可以对任意形状的数据分布进行聚类,且在融入松弛量后可以对异常值进行剔除,保证了分选效果的合理性和鲁棒性,这说明 SVC 算法具有一定的抗噪能力;另外在有关特征提取的章节已就各特征向量的抗噪性能进行了理论分析和实验验证,理论上讲,由特征选择算法得到的这些特征向量的子集同样具有抗噪性。综合以上两点,利用 CCSVC 进行信号分选时理论上同样具有二者的抗噪能力。

下面进一步考察 CCSVC 分选算法的有效性和抗噪性能,同样利用表 7.1 所列参数进行仿真实验,此时分别取截获时间 T_{int} 由 60 ms 每间隔 10 ms 变化到 100 ms,且将截获时间为 50 ms 的仿真数据一同进行比较,信噪比由 0 dB 变化到 20 dB,每间隔 4 dB 变化一次。表 7.12 给出了信噪比 SNR＝16 dB 时得到 60 ms 至 100 ms 截获时间的仿真数据,表中剩余脉冲是指由生成脉冲经丢失处理后用于分选的实际脉冲。

表 7.12　仿真产生脉冲数据信息

T_{int}/ms	辐射源	Rd1	Rd2	Rd3	Rd4	Rd5	Rd6	总数	丢失率
60	生成脉冲	182	71	77	134	38	67	569	11.07%
	剩余脉冲	162	63	68	119	34	60	506	
70	生成脉冲	213	83	90	156	44	78	664	10.39%
	剩余脉冲	190	75	80	140	40	70	595	
80	生成脉冲	243	95	103	178	50	89	758	11.21%
	剩余脉冲	216	84	91	158	45	79	673	

续　表

T_{int}/ms	辐射源	Rd1	Rd2	Rd3	Rd4	Rd5	Rd6	总数	丢失率
90	生成脉冲	273	106	116	201	56	101	853	14.07%
	剩余脉冲	232	91	100	173	50	87	733	
100	生成脉冲	304	118	129	223	63	112	949	12.54%
	剩余脉冲	266	103	112	196	55	98	830	

利用 RSVC 算法得到的脉间参数 20 次预分选统计平均结果见表 7.13。表中，N_p 指对应脉冲数，$A_c(\%)$ 表示分选率。

表 7.13　RSVC 预分选结果

T_{int}/ms	60		70		80		90		100	
脉冲总数	506		595		673		733		830	
分选效果	N_p	$A_c/(\%)$	N_p	$A_c/(\%)$	N_p	$A_c/(\%)$	N_p	$A_c/(\%)$	N_p	$A_c/(\%)$
正确分选	363	71.74	433	72.77	491	72.96	543	74.08	611	73.61
漏选脉冲	136	26.88	158	26.55	178	26.45	185	25.24	214	25.78
误选脉冲	7	1.38	4	0.67	4	0.59	5	0.68	5	0.60
多选脉冲	7	1.38	4	0.67	6	0.89	7	0.96	5	0.60

由于多选脉冲大部分是交叠在一起的部分脉冲，而 SVC 聚类算法可以较好地处理这种情况，将绝大部分交叠脉冲分离开来，分离情况参照图 7.5(c)所示，因此由 RSVC 算法产生的多选脉冲数目较少，这一结论可由表 7.10 和表 7.13 得以验证，这两个表中的结果显示，截获时间由 50 ms 到 100 ms 的变化区间内，多选率始终保持在 1% 左右，这样的结果对于后续利用脉内特征进行分选是有利的。同时表中还显示了平均正确分选率的情况，由于利用 RS-VC 算法进行分选的主要目的在于获得可靠的分选结果，即尽量获得不包含多选脉冲的分选结果，因此平均正确分选率仅有参考意义，对于随之进行的脉内特征分选没有直接影响，影响脉内特征分选效果的主要因素在于误选脉冲和多选脉冲的数目，在二者具有较低分选率的情况下，脉内特征分选更易进行。

接着根据第 4 章和第 5 章内容，提取由式(7.6)确定的漏选脉冲所对应脉

内特征子集 $G' = [F_e, P_e, f_4, Z_{42}, P_{53}]$，并用以进行雷达辐射源信号的 SE - MSVC 分选。在每一信噪比点上进行 20 次独立实验，则统计意义上的分选正确率随信噪比的变化情况见表 7.14。

表 7.14　不同信噪比下漏选脉冲的聚类分选正确率

T_{int}/ms	0 dB	4 dB	8 dB	12 dB	16 dB	20 dB	平均正确率
50	70.63	76.98	83.33	88.10	93.65	98.41	85.18
60	74.26	79.41	83.82	89.71	95.59	99.26	87.01
70	76.58	81.01	86.71	91.14	96.20	98.73	88.40
80	78.09	81.46	87.08	91.57	96.07	98.88	88.86
90	80.00	83.24	89.73	92.97	96.76	99.46	90.36
100	83.18	86.92	91.12	94.39	97.20	99.53	92.06
平均正确率	77.12	81.50	86.97	91.31	95.91	99.05	—

表 7.14 表明，在一定的信噪比范围内，SE - MSVC 具有较好的分选性能。对于 CCSVC 综合分选方法，由于利用 RSVC 进行分选时漏选脉冲所占比例不到 30%，因此 SE - MSVC 分选中平均正确率计算时基数较小，从而误分选脉冲相比总脉冲数目要小得多，在这个意义上讲，在 0 dB 信噪比环境下，77% 以上的分选正确率已能够满足需求。随着信噪比提高到 20 dB，其平均正确率超过了 99%，说明该方法取得了预期效果。另外，表 7.14 也表明了截获时间对分选性能的影响。随着截获时间的增加，分选性能得到了提升，其原因在于截获时间越长，所获得的脉冲数据越丰富，从而可以更全面地提供细节信息，使得聚类更容易实现，即使得分选结果得到一定改善。

由以上利用 RSVC 对脉间参数进行预分选，并利用 SE - MSVC 对漏选脉冲进一步分选后，即可得到 CCSVC 分选所得最终统计结果，如图 7.9 所示。

图 7.9 表明，CCSVC 方法具有较好的抗噪能力，在信噪比为 0 dB 时，不同截获时间对应的平均分选正确率都达到了 90% 以上，随着信噪比的提高，分选性能也逐步提升，其正确率接近 100%，这一结果可由以下两点解释：①RSVC算法产生的簇核尽可能地保证可靠聚类，保证最少的多选脉冲，从而避免对最终分选效果的影响；②利用 SE - MSVC 算法对漏选脉冲进行脉内特征聚类分选，通过将不能可靠聚类的脉冲转化到其他参数域，在扩展后的特征

空间中进一步分选,降低了误分选的概率。同时图 7.9 表明随着截获时间的增加,分选性能得到了一定程度的提升。另外,对照表 7.12 中的参数可以看出,脉冲丢失率最小为 10.39％,最大至 14.07％,而图 7.9 中的结果显示脉冲的丢失对分选性能几乎没有影响。以上几点说明,利用 CCSVC 进行分选时不仅具有较好的抗噪性能,同时可以很好分选丢失脉冲后的交织脉冲流。

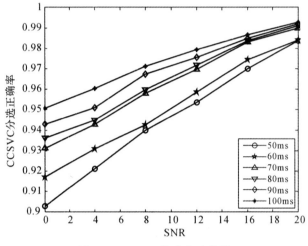

图 7.9　CCSVC 算法分选结果

7.6　本章小结

　　本章采用典型侦察条件下同方向、同频段的 6 部复杂体制雷达信号进行仿真实验,验证了第 2 章中提出分选模型的有效性。针对利用直接来源于测量的脉间参数进行分选时误选脉冲较多,而利用脉内特征进行分选时又不可避免地加重 ESM 分选系统的处理负担这一问题,提出了核簇的概念。利用核簇对脉间参数所表征的辐射源信号进行预分选,最大限度地避免误选脉冲和多选脉冲的数量,使得预分选结果中所包含的各脉冲簇类尽量属于同一辐射源,通过 RSVC 算法完成这一目标;然后对漏选脉冲进行特征提取,并选出最具有分类和聚类意义的特征子集,利用所选出的最优子集进行 SE - MSVC分选。通过以上方法,较好地实现了交叠脉冲流的分选任务,在信噪比为 0dB 时仍取得了不低于 90％的分选正确率。

附录　缩略词

ABC：Artificial Bee Colony，人工蜂群算法

BPSK：Binary – Phase Shift Keying，二相编码

BSVs：Bound Support Vectors，边界支持向量

CCL：Cone Cluster Labeling，锥面聚类标识

CCSVC：Core Cluster Support Vector Clustering，核簇支持向量聚类

CG：Complete Graph，完全图

CL：Cluster Labeling，聚类标识

CW：Continuous Wave，常规雷达

DM：Dissimilarity Measure，不相似性测度

DOA：Direction Of Arrival，到达方向

ELINT：Electronic Intelligence，电子情报侦察

EMD：Empirical Mode Decomposition，经验模态分解

ESM：Electronic Support Measure，电子支援系统

FRABC：Fuzzy Rough Artificial Bee Colony，模糊粗糙人工蜂群

FRS：Fuzzy Rough Sets，模糊粗糙集

FSK：Frequency Shift Keying，频率编码

GD：Gradient Descent，梯度下降

GLCM：Gray Level Co – occurrence Matrix，灰度共生矩阵

HHT：Hilbert – Huang Transform，Hilbert – huang 变换

IMF：Intrinsic Mode Function，本征模态函数

LFM：Linear – Frequency Modulation，线性调频

LPI：Low – Probability of Intercept，低截获概率

MCCL：Modified Cone Cluster Labeling，修正的锥面聚类标识

NLFM：Non – Linear Frequency Modulation，非线性调频

PA：Pulse Amplitude，脉冲幅度

PG：Proximity Graph，相似图

PW：Pulse Width，脉冲宽度

QPSK：Quaternary Phase Shift Keying，四相编码

RES：Radar Emitter Signal，雷达辐射源信号

RF：Radio Frequency，载波频率

SE：Similitude Entropy，相似熵

SV：Support Vector，支持向量

SVC：Support Vector Clustering，支持向量聚类

SVDD：Support Vector Domain Description，支持向量域描述

SVG：Support Vector Graph，支持向量图

SVM：Support Vector Machine，支持向量机

TARFD：Two－steps Attribute Reduction Based on Fuzzy Dependency，基于模糊依赖度的两步属性约简

TOA：Time Of Arrival，到达时间

参 考 文 献

[1] 赵国庆. 雷达对抗原理[M]. 西安:西安电子科技大学出版社,1999.

[2] 张永顺,童宁宁,赵国庆. 雷达电子战原理[M]. 北京:国防工业出版社,2006.

[3] SEHROER R. Electronic warefare[J]. IEEE Trans Aerospace Electronic Systems Magazine,2003,18(7):49 - 54.

[4] 普运伟. 复杂体制雷达辐射源信号分选模型与算法研究[D]. 成都:西南交通大学,2007.

[5] 罗景青. 雷达对抗原理[M]. 北京:解放军出版社,2003.

[6] WILEY R G. ELINT:The interception and analysis of radar signals[M]. 2nd ed. Boston:Artech House,2006.

[7] 胡来招. 雷达侦察接收机设计[M]. 北京:国防工业出版社,2000.

[8] 李合生,韩宇,蔡英武,等. 雷达信号分选关键技术研究综述[J]. 系统工程与电子技术,2005,27(12):2035 - 040.

[9] SAMUEL L, MICHAEL T, STEPHEN D, et al. Comparison of Time of Arrival vs. Multiple Parameter based Radar Pulse Train Deinterleavers[C]// Proc. Of SPIE, Signal Processing, Sensor Fusion, and Target Recognition XV, 2006, 6235:62351k1 - 10.

[10] MARDIA H K. New Techniques for the Deinterleaving of Repetitive Sequences[J]. IEE Proceedings, Part F:Radar and Signal Processing, 1989, 136(4):149 - 154.

[11] MILOJEVIC D J, POPOVIC B M. Improved Algorithm for the Deinterleaving of Radar Pulses[J]. IEE Proceedings, Part F:Radar and Signal Processing, 1992, 139(1):98 - 104.

[12] WILKINSON D R, WATSON A. Use of Metric Techniques in ESM Data Processing[J]. IEE Proceedings, Part F:Radar and Signal Processing, 1985,132(7):121 - 125.

[13] 赵长虹,赵国庆. 一种基于随机动态线性模型的重频分选的改进算法

[J]. 系统工程与电子技术. 2003，25(9)：1049－1051.

[14] 万建伟，宋小全，黄浦堪，等. 雷达信号综合分选方法研究[J]. 电子学报，1996，24(9)：91－94.

[15] 李志刚. 脉间波形变换的雷达信号分选与识别技术研究[D]. 哈尔滨：哈尔滨工程大学，2007.

[16] YEP J T B. Digital Techniques for Wideband Receivers[M]. Boston，London：Artech House，1995.

[17] PHILLIP E PACE. Advanced Techniques for Digital Receivers[M]. Boston，London：Artech House，2000.

[18] 戈稳. 雷达接收机技术[M]. 北京：电子工业出版社，2005.

[19] 黄知涛，周一宇，姜文利. 基于相对无模糊相位重构的自动脉内调制特性分析[J]. 通信学报，2003，24(4)：153－160.

[20] 解文斌，姜文利，黄勇杰，等. 脉冲编码信号的辐射源分类[J]. 电子对抗技术，2004，19(3)：23－29.

[21] 那云虓，司锡才，蒯冲. 二相编码信号调制分析与识别[J]. 系统工程与电子技术，2004，26(3)：298－300.

[22] 胡波. 脉内特征提取在信号调制形式识别中的应用[J]. 雷达与对抗，2005，2：35－38.

[23] 王勇，张欣. 雷达信号脉内特征参数提取技术[J]. 中国雷达，2006，1：13－21.

[24] 徐欣，周一宇，卢启中. 雷达截获系统实时信号分选处理技术研究[J]. 系统工程与电子技术，2001，23(3)：12－15.

[25] 王海. 电子战 ESM 系统技术发展综述[J]. 飞航导弹，2006，1：60－62.

[26] 上官晋太，林象平. 电子对抗中雷达信号分选的若干问题[C]// 中国造船工程学会电子技术学术委员会年会，2001.

[27] 陈韬伟. 基于脉内特征的雷达辐射源信号分选技术研究[D]. 成都：西南交通大学，2010.

[28] 国强. 复杂环境下未知雷达辐射源信号分选的理论研究[D]. 哈尔滨：哈尔滨工程大学，2007.

[29] 刘旭波，司锡才. 雷达信号分选实现的新方法[J]. 系统工程与电子技术，2010，32(1)：53－56.

[30] WANG J，LEI P，YANG D，et al. A Novel Deinterleaving Algo-

rithm of Radar Pulse Signal Based on DSP[C]// IEEE International Symposium on Industrial Electronics (ISIE 2009), Seoul, Korea, July 5 - 8, 2009:1899 - 1903.

[31] FAN F H, YIN X Z. Improved Method for Deinterleaving radar Pulse Trains with Stagger PRI from Dense Pulse Series[C]// 2nd IC-SPS, Dalian, China, July 5 - 7, 2010:V3 - 250 -V3 - 253.

[32] CAMPBELL J W, SAPERSTEIN S. Signal Recognition in Complex Radar Environments[R]. Watkins - Johnson Tech. Notes, November/December 1976, 3(6).

[33] 祝正威. 用直方图方法分析复杂雷达信号[J]. 电子对抗技术, 1992, 6: 6 - 14.

[34] 赵长虹, 赵国庆. 一种新的重频分选检测门限选择算法[J]. 现代雷达, 2003, 8:30 - 33.

[35] 陶荣辉. 雷达信号分选技术研究[D]. 绵阳:中国工程物理研究院, 2005.

[36] Nelson D J. Special Purpose Correlation Functions for Improved Signal Detection and Parameter Estimation[C]// International Conference on Acoustics, Speech, and Signal Processing (ICASSP93), 1993:73 - 76.

[37] Nishinuchi K, Kobayashi M. Improved Algorithm for Estimating pulse Repetition Intervals[J]. IEEE Transactions on Aerospace and Electronic Systems. 2000, 36:407 - 421.

[38] 胡来招. 信号平面显示变换技术要求[R]. 电子部 29 所资料, 1991.

[39] 刘鑫, 司锡才. 基于平面变换的雷达脉冲信号分选算法[J]. 应用科技, 2008, 35(10):12 - 16.

[40] 韩俊, 何明浩, 翟卫俊, 等. 基于 PRI 变换和小波变换的雷达信号分选[J]. 微计算机信息, 2007, 23(9):164 - 166.

[41] 邹顺, 张群飞, 靳学明. 基于 PRI 变换的雷达信号分选[J]. 计算机仿真, 2006, 23(6):41 - 44.

[42] 常伟光, 王俊, 武鹏. 适用于 DSP 并行处理的高效 PRI 变换算法[J]. 航天电子对抗, 2008, 24(1):50 - 53.

[43] 韩俊, 何明浩, 程柏林. 一种改进的 PRI 变换算法[J]. 电子对抗, 2009, 124:25 - 29.

[44]　YU Z F，YE F，LUO J Q. A Multi‐parameter Synthetic Signal Sorting Algorithm Based on Clustering[C]// TheEighthInternationalConferenceonElectronicMeasurementand Instruments，ICEMI，2007.

[45]　王斌，陈秋华，王翠柏. 基于聚类的跳频信号分选[J]. 北京邮电大学学报，2009，32(2)：80－84.

[46]　HASSAN H E. A New Algorithm for Radar Emitter Recognition [C]// Proceedings of the 3rd International Symposium on Image and Signal Processing and Analysis，2003(2)：1097－1101.

[47]　金栋，文志信，李航. DBSCAN 算法在雷达全脉冲信号分选中的应用 [J]. 电子对抗，2011(2)：19－22.

[48]　DANIELSEN P L，AGG D A，BURKE N R. The Application of Pattern RecognitionTechniques to ESM Data Processing[C]// IEE Colloquium on Signal Processing for ESM Systems，26 Apr 1988：6/1－6/4.

[49]　魏东升，巫胜洪，唐斌. 雷达信号脉内细微特征的研究[J]. 船舰科学技术，1994，(3)：23－30.

[50]　Pu Y W，Jin W D，Zhu M，et al. Classification of Radar Emitter Signals Using Cascade Feature Extractionsand Hierarchical Decision Technique[C]// ICSP2006 Proceedings，2006.

[51]　普运伟，金炜东，胡来招. 基于瞬时频率二次特征提取的辐射源信号分类[J]. 西南交通大学学报，2007，42(3)：373－379.

[52]　普运伟，金炜东，胡来招.雷达辐射源信号瞬时频率派生特征分类方法 [J]. 哈尔滨工业大学学报，2009(1)：136－140.

[53]　沙祥. 脉内分析综述[J]. 现代电子，1998，4：1－8.

[54]　ZHANG G X，RONG H N，JIN W D，et al. Radar Emitter SignalRecognition Based on ResemblanceCoefficient Features ［C］// RSCTC，LNAI 3066，2004：665－670.

[55]　MARIAN W，ADAM K，JANUSZ D，et al. The Method of Regression Analysis Approach to the Specific Emitter Identification[C]// International Conference on MIKON 2006，491－494.

[56]　JANUSZ D，MARIAN W，JAN M. Applying the Radiated Emissioto the Specific Emitter Identification[J]. Journal of Telecommunications and Information Technology，2005，2：57－60.

[57]　JANUSZ D，ADAM K，ROBERT O. An Application of Iterated Function System Attractor for Specific Radar Source Identification [C]// 17th International Conference on MIKON 2008，2008，1 - 4.

[58]　CHEN T W, JIN W D. Feature Extraction of Radar Emitter Signals Based on Symbolic Time Serials Analysis[C]// Proceedings of the 2007 International Conference on Wavelet Analysis and Pattern Recognition，Beijing，China，2 - 4 Nov. 2007:1277 - 1282.

[59]　陈韬伟，金炜东. 雷达辐射源信号符号化脉内特征提取方法[J]. 数据采集与处理，2008，(23)5:521 - 526.

[60]　王海华，沈晓峰. 一种新的雷达辐射源信号脉内特征提取方法[J]. 系统工程与电子技术，2009，31(4):809 - 811.

[61]　DELPART N. Asymptotic Wavelet and Gabor Analysis:Extraction of Instantaneous Frequencies[J]. IEEE Trans. Information Theory，1992，38(3):644 - 664.

[62]　CHEN T W, JIN W D, CHEN Z X. Feature Extraction Using Wavelet Transform for Radar Emitter Signals[C]// 2009 International Conference on Communications and Mobile Computing，2009：414 - 418.

[63]　陈昌孝，何明浩，朱元清，等. 基于时频重排和时频脊线的信号脉内特征提取[J]. 数据采集与处理，2008，23(1):96 - 99.

[64]　CHEN C X, HE M H, YU C L. A Novel Method for Extraction of In - Pulse Feature of LFM Signal[C]// 2010 2nd International Conference on Industrial Mechatronics and Automation，2010:692 - 697.

[65]　余志斌，金炜东，陈春霞. 基于小波脊频级联特征的雷达辐射源信号识别[J]. 西南交通大学学报，2010，45(2):290 - 295.

[66]　崔锦泰. 小波分析导论[M]. 程正兴，译. 西安:西安交通大学出版社，1995.

[67]　牛海，马颖. 小波-神经网络在辐射源识别中的应用研究[J]. 系统工程与电子技术，2002，24(5):55 - 57.

[68]　ZHANG G X, JIN W D, HU L Z. Application of Wavelet Packet Transform to Signal Recognition[C]// Proceedings of the 2004 International Conference on Intelligent Mechatronics and A - utomation

Chengdu, China, 2004:542 - 547.

[69]　张国柱,黄可生,姜文利,等. 基于信号包络的辐射源细微特征提取方法[J]. 系统工程与电子技术,2006,28(6):795 - 797.

[70]　REN M Q, CAI J Y, ZHU Y Q, et al. Radar Signal Feature extraction Based on Wavelet Ridge and High Order Spectra Analysis[C]// Radar Conference, 2009 IET International, 2009:1 - 5.

[71]　任明秋,蔡金燕,朱元清,等. 基于小波脊和 FSVM 的雷达辐射源识别[J]. 仪器仪表学报,2010,31(6):1424 - 1428.

[72]　LOPEZ - RISUENO G, GRAJAL J, YESTE - OJEDA O. Atomic Decomposition - Based Radar Complex Signal Interception[C]// IEE Proc. Radar Sonar Navig. , August 2003, 150(4):323 - 331.

[73]　朱明,金炜东,胡来招. 基于原子分解的辐射源信号二次特征提取[J]. 西南交通大学学报,2007,42(6):659 - 664.

[74]　ZHU M, PU Y W, WANG J H, et al. A Novel Feature Extraction Approach for Radar Emitter Signals[C]// ICSP2008 Proceedings, 2008:2338 - 2341.

[75]　ZHU M, JIN W D, PU Y W, et al. Classification of Radar Emitter Signals Based on the Feature of Time - Frequency Atoms[C]// Proceedings of the 2007 International Conference on Wavelet Analysis and Pattern Recognition, Beijing:2007:1232 - 1236.

[76]　程吉祥,张葛祥,唐承志. 复杂体制雷达辐射源信号时频原子特征提取方法[J]. 西安交通大学学报,2010,44(4):108 - 113.

[77]　司锡才,柴娟芳. 基于 FRFT 的 α 域-包络曲线的雷达信号特征提取及自动分类[J]. 电子与信息学报,2009,31(8):1892 - 1897.

[78]　JARMO LUNDÉN, VISA KOIVUNEN. Automatic Radar Waveform Recognition[J]. IEEE Journal of Selected Topics in Signal Processing, 2007, (1):124 - 136.

[79]　ZILBERMAN E R, PACE P E. Autonomous Time - Frequency Morphological Feature Extraction Algorithm for LPI Radar Modulation Classification[C]. ICIP 2006:2321 - 2324.

[80]　GULUM T O, PACE P E, CRISTI R. Extraction of Polyphase Radar Modulation Parameters Using a Wigner - ville Distribution and

Radon TransForm[C]// ICASSP 2008:1505 – 1508.

[81] GUO Q, LI Y H, WANG C H. Novel Detection Method for Multi – Component LFM Signals[C]// 2010 First International Conference on Pervasive Computing, Signal Processing and Applications, 2010: 759 – 762.

[82] 普运伟,金炜东,朱明,等. 雷达辐射源信号模糊函数主脊切面特征提取方法[J]. 红外与毫米波学报, 2008, 27(2):133 – 137.

[83] PU Y W, WANG J H, JIN W D. A Novel Fractional Autocorrelation Based Feature Extraction Approach for Radar Emitter Signals [C]// ICSP2008 Proceedings, 2008:2338 – 2341.

[84] WANG L,JI H B. Optimizing Zero – Slice Featureof Ambiguity Function forRadar Emitter Identification[C]. ICICS 2009, 1 – 4.

[85] 王磊,姬红兵,史亚. 基于模糊函数代表性切片的运动雷达辐射源识别[J]. 系统工程与电子技术, 2010, 32(8):1630 – 1634.

[86] 李林, 姬红兵. 基于模糊函数的雷达辐射源个体识别[J].电子与信息学报,2009, 31(11):2546 – 2551.

[87] 张贤达. 现代信号处理[M]. 2版.北京:清华大学出版社,2002.

[88] JOUNY I, MOSES R L, Garber F D. Classification of Radar Signals Using the Bispectrum[C]// International Conference on Acoustics, Speech, and Signal Processing, 1991, 5:3429 – 3432.

[89] 杨志祥,朱元清,徐光华,等. 基于 HOS 的未知雷达辐射源信号分选[J]. 电子对抗, 2008, 123(6):10 – 13.

[90] 贺涛,周正欧. 基于改进 RBFN 的信号调制识别方法[J]. 信号处理, 2006, 22(4):515 – 517.

[91] 孙洪,安黄彬. 一种基于盲源分离的雷达信号分选方法[J]. 现代雷达, 2006, 28(3):47 – 50.

[92] QIN K B, SHEN Q, WANG J. A Novel Method for Sorting Radar Emitter Signal Based on the Bispectrum[C]// Information Engineering and Computer Science, International Conference on, 2009, 1 – 4.

[93] 韩俊,何明浩,程柏林. 一种未知雷达辐射源信号分选的新方法[J]. 航天电子对抗, 2011, 25(1):40 – 43.

[94] ZHANG G X, JIN W D, HU L Z. Fractal Feature Extraction of Radar E-

mitter Signals[C]// Asia – Pacific Conference on EnvironmentalElectm-magnetics，CEEM'2003，Hangzhou，China，2003：161 – 164.

[95]　ZHANG G X, HU L Z, JIN W D. Complexity Feature Extraction of Radar Emitter Signals[C]// Asia – Pacific Conference on Environ-mental Electromagnetics CEEM'2003，Hangzhou，China，2003：495 – 498.

[96]　ZHANG G X, JIN W D, HU L Z. Radar Emitter Signal Recognition Based on Complexity Feature[J]. Journal of Southwest Jiaotong Uni-versity. 2004，12(2)：116 – 122.

[97]　ZHANG G X, RONG H N. Entropy Feature Extraction Approachfor Radar Emitter Signals[C]// Proceedings of the 2004 international-Conference on Intelligent Mechatronicsand Automation Chengdu，China，2004：621 – 625.

[98]　张葛祥，胡来招，金炜东. 基于熵特征的雷达辐射源信号识别[J]. 电波科学学报，2005，20(4)：30 – 35.

[99]　张葛祥，胡来招，金炜东. 雷达辐射源信号脉内特征分析[J]. 红外与毫米波学报，2004，23(6)：477 – 480.

[100]　韩俊，何明浩，朱振波，等. 基于复杂度特征的未知雷达辐射源信号分选[J]. 电子与信息学报，2009，31(11)：2552 – 2556.

[101]　PINCUS S M. Approximate Entropy as a Measure of System Com-plexity[J]. Pro. Natl. Acad. Sci，1991，88：2297 – 2301.

[102]　RICHMAN J S, MOORMAN J R. Physiological Time – Series A-nalysis using Approximate Entropy and Sample Entropy[C]// Am J Physiol Heart Circ Physiol，2000，278(6)：H2039 – H2049.

[103]　柴娟芳. 复杂环境下雷达信号的分选识别技术研究[D]. 哈尔滨：哈尔滨工程大学，2009.

[104]　KAWALEC A, OWCZAREK R. Radar Emitter Recognition Using In-trapulse Data[C]// Proceedings of 15th International Conference on Mi-crowaves，Radar and Wireless Communications，2004，2：435 – 438.

[105]　LANGLEY L E. Specific Emitter Identification (SEI) and Classical Parameter Fusion Technology[C]// WESCON/'93，Conference Re-cord，1993，377 – 381.

[106] YU Z B, CHEN C X, JIN W D, et al. Feature Extraction of Radar Emitter Harmonic Power Constraint Based on Nonlinear Characters of the Amplifier[C]// 2nd International Congress on Image and Signal Processing, 2009, 1 - 4.

[107] 许丹. 辐射源指纹机理及识别方法研究[D]. 长沙:国防科学技术大学, 2008.

[108] 董晖, 姜秋喜. 基于多脉冲的雷达个体识别技术[J]. 电子对抗, 2006, (6):12 - 18.

[109] KAWALEC A, OWEZAREK R. Radar Emitter Recognition Using Intrapulse Data[C]// 15th International Conference on Microwaves, Radar and Wireless Communications, 2004, 2:435 - 438.

[110] 陈昌孝, 何明浩, 朱元清, 等. 基于双谱分析的雷达辐射源个体特征提取[J]. 系统工程与电子技术, 2008, 30(6):1046 - 1049.

[111] CHEN T W, JIN W D, LI J. Feature Extraction Using Surrounding - Line Integral Bispectrum for Radar Emitter signal[C]// IJCNN 2008:294 - 298.

[112] 张学工. 模式识别[M]. 3 版. 北京:清华大学出版社, 2010.

[113] 范晔, 宫新保, 臧小刚, 等. 基于新型 RBF 网络的雷达信号分选识别方法[J]. 信息与控制, 2004, 33(6):674 - 677.

[114] DAVID, JAMES THOMPSON. An Adaptive Data Sorter Based on Probabilistic Neural Networks[C]// IEEE NAECON, Dayton, Ohio, 1991, 3:1096 - 1102.

[115] 刘扬, 刘璘, 杨波. 基于多二维 RBF 神经网络的航空雷达信号分选[J]. 计算机工程与设计, 2009, 30(1):182 - 184.

[116] 林志远, 刘刚, 戴国宪. Kohonen 神经网络在雷达多目标分选中的应用[J]. 空军工程大学学报, 2003, 4(5):56 - 59.

[117] 郭杰, 陈军文. 一种处理未知雷达信号的聚类分选方法[J]. 系统工程与电子技术, 2006, 28(6):853 - 856.

[118] 韩俊, 何明浩, 朱元清, 等. 基于多参数的雷达辐射源信号分选新方法[J]. 数据采集与处理, 2009, 24(1):91 - 94.

[119] 王旭东, 宋茂忠. 基于 Eidos BSB 人工神经元网络的雷达脉冲分选方法[J]. 现代电子技术, 2010, (23):6 - 9.

[120]　CHANDRA V，BAJPAI R C. ESM Data Processing Parametric Deinterleaving Approach［C］// Technology Enabling Tomorrow：Computers，Communications and Automation towards the 21st Century. 1992 IEEE Region 10 International Conference(TENCON'92)，1992(l)：26-30.

[121]　ERIC G，YVON S，PIERRE L. A Pattern Reordering Approach Based on Ambiguity Detection for Online Category Learning［J］. IEEE Trans. Pattern Analysis and Machine Intelligence，2003，25(4)：524-528.

[122]　毛五星，朱元清，王建刚. 支持矢量分析在雷达信号分选中的应用［J］. 空军雷达学院学报，2003，17(3)：19-21,24.

[123]　许丹，姜文利，周一宇. 辐射源脉冲分选的二次聚类方法［J］. 航天电子对抗，2004，20(3)：26-29.

[124]　张万军，樊甫华，谭营. 聚类方法在雷达信号分选中的应用［J］. 雷达科学与技术，2004，2(4)：219-223.

[125]　祝正威. 雷达信号的聚类分选方法［J］. 电子对抗，2004，(6)：6-10.

[126]　张红昌，阮怀林，龚亮亮. 一种新的未知雷达辐射源聚类分选方法［J］. 计算机工程与应用，2008，44(27)：200-202.

[127]　王勇刚. 基于模糊聚类的雷达信号分选方法［J］. 电子对抗，2007，113(2)：9-12.

[128]　刘旭波，司锡才. 基于改进的模糊聚类的雷达信号分选［J］. 弹箭与制导报，2009，29(5)：278-282.

[129]　薛林，苏国庆，辛化梅. 雷达脉冲信号流的模糊聚类分选［J］. 舰船电子对抗，2005，28(3)：48-49.

[130]　贺宏洲，景占荣，徐振华. 雷达信号的模糊聚类分选方法［J］. 航空计算技术，2008，38(5)：21-24.

[131]　陈彬，骆鲁秦，赵贵喜. 基于核模糊聚类的雷达信号分选算法［J］. 舰船电子对抗，2009，32(4)：76-79.

[132]　陈彬，骆鲁秦，王岩. 基于粒子群聚类算法的雷达信号分选［J］. 航天电子对抗，2009，25(5)：25-28.

[133]　赵贵喜，骆鲁秦，陈彬. 基于改进的蚁群聚类雷达信号分选算法研究［J］. 电子信息对抗技术，2009，24(2)：27-30+40.

[134]　陈韬伟，金炜东，李杰. 雷达辐射源信号聚类分选算法［J］. 电路与

系统学报，2011，16(3):56-61.

[135] LEE D W, HAN J W, LEE W D. Adaptive radar pulses clustering based on density cluster window[OL]. http://www. ieice. org/proceedings/ITC-CSCC2008/pdf/ p1377_P1-104. pdf, 2010.

[136] 岳宏伟，罗景青，吕久明，等. 雷达信号非均匀粒度聚类分选方法 [J]. 火力与指挥控制，2008，33(8):24-26.

[137] 叶菲，罗景青. 基于 BFSN 聚类的雷达信号分选与特征提取算法[J]. 舰船电子对抗，2005，28(3):30-34.

[138] 赵玉，陆志宏. 一种多模雷达信号分选方法的研究[J]. 现代电子技术，2010，(13):99-102+106.

[139] 国强，李峥，李和平. 支持向量聚类方法在雷达信号分选中的应用 [C]// 2005 年 29 所年会，2005，237-241.

[140] 国强，王长虹，李峥. 支持向量聚类联合类型熵识别的雷达信号分选方法[J]. 西安交通大学学报，2010，44(8):63-67.

[141] 向娴，汤建龙. 基于改进的支持向量聚类的雷达信号分选[J]. 航天电子对抗，2011，27(1):50-53.

[142] 李振兴，卢景双，张国毅，等. 一种自动选择参数的雷达辐射源 SVC 分选方法[J]. 电子信息对抗技术，2011，26(2):15-20.

[143] MORAITAKIS I, FARGUES M P. Feature Extraction of Intra-Pulse Modulated Signals Using Time-Frequency Analysis[C]// Proceedings of 21st Century Military Communications Conference, 2000, 737-741.

[144] GUSTAVO L R, JESUS G, ALVORA S O. Digital Channelized Receiver Based on Time-Frequency   Analysis for Signal Interception[J]. IEEE Trans. Aerospace and Electronic Systems, 2005, 41(3):879-898.

[145] ROGERS J A V. ESM Processor System for High Pulse Density Radar Environments[C]// IEEE Proceedings, 1985, 132:621-625.

[146] 何伟. 新型宽带数字接收机[D]. 成都:电子科技大学，2004.

[147] 王世强，张登福，毕笃彦，等. 基于快速支持向量聚类和相似熵的多参雷达信号分选方法 [J]. 电子与信息学报，2011，33(11):2735-2741.

[148] AGGARWAL C, HAN J, WANG J,et al. A Framework for Projected Clustering of High Dimensional Data Streams[C]// Proceed-

ings of the 30th VLDB Conference, Toronto, Canada. 2004.

[149] 贾可新,何子述. 基于改进 K 均值算法的跳频信号分选方法[J]. 计算机应用研究,2011, 28(6):2332 – 2335.

[150] 井塬塬. 基于 C 均值聚类算法的雷达信号分选方法[J]. 电子科技,2011, 24(4):4 – 7.

[151] BEN – HUR A, HORN D, SIEGELMANN H T, et al. Support Vector Clustering [J]. Journal of Machine Learning Research, 2001 (2): 125 – 137.

[152] TIE LIU, SHAMAI S. A Note on the Secrecy Capacity of the Multiple – Antenna Wiretap Channel[J]. IEEE Transactions on Information Theory, 2009, 55 (6):2547 – 2553.

[153] YANG JIANHUA, ESTIVILL – CASTRO V, Chalup S K. Support Vector Clustering Through Proximity Graph Modeling[C]// Proceedings of 9th International Conference on Neural Information Processing (ICONIP'02), Orchid Country Club, Singapore, Nov. 2002(2):898 – 903.

[154] LEE J, LEE D. An Improved Cluster Labeling Method for Support Vector Clustering[J]. IEEE Transactions onPattern Analysis and Machine Intelligence, 2005, 27(3):461 – 464.

[155] ESTIVILL – CASTRO V, LEE I. Amoeba:Hierarchical Clustering Based on Spatial Proximity Using Delaunay Diagram[C]// In Proc. of the 9th Int. Symposium on Spatial Data Handling, 2000:7a. 26 – 7a. 41.

[156] ESTIVILL – CASTRO V, LEE I, MURRAY A T. Criteria on Proximity Graphs for Boundary Extraction and Spatial Clustering [C]// LNCS, 2001, 2035:348 – 347.

[157] GUCKENHEIMER J, HOMES P. Nonlinear Oscillations, Dynamical Systems, and Bifurcations of Vector Fields[J]. Applied Math, 1984, 51(4):947.

[158] KHALIL H K. Nonlinear Systems[M]. New York:Macmillan, 1992.

[159] Lee S H, Daniels K M. Cone Cluster Labeling for Support Vector Clustering[C]// Proceedings of 6th SIAM Conference on Data Min-

ing, Bethesda MD, 2006:484 - 488.

[160] 王世强，张登福，毕笃彦，等. 一种低复杂度的雷达信号分选方法 [J]. 西安电子科技大学学报，2011，38(4):148 - 153.

[161] 西奥多里德斯. 模式识别[M]. 李晶皎，朱志良，王爱侠，等，译. 北京:电子工业出版社，2004.

[162] DUNN J C. Well Separated Clusters and Optimal Fuzzy Partitions [J]. Journal of Cybernetics，1974(4):95 - 104.

[163] DAVIES D L, BOULDIN D W. A Cluster Separation Measure[J]. IEEE Transactions onPattern Analysis and Machine Intelligence， 1979，1(2):224 - 227.

[164] CHOW C H, SU M C, LAI E. Symmetry as A new Measure for Cluster Validity [C]// 2th WSEAS International Conference on Scientific Computation and Soft Computing, Crete, Greece, 2002:209 - 213.

[165] DEVIJVER P A, KITTLER J. Pattern Recognition:A Statistical Approach[M]. London:Prentice - Hall, 1982.

[166] 刘佳琪，宋扬东. 电子干扰效果仿真评估研究[J]. 航天电子对抗， 2005，21(3):58 - 62.

[167] 范九伦,赵凤. 基于 Sugeno 补的广义模糊熵阈值分割方法[J]. 电子与信息学报，2008，30(8):1865 - 1868.

[168] DE LUCA, TERMINI S. A Definition of Nonprobabilistic Entropy in the Setting of Fuzzy Set Theory[J]. Inform. And Control, 1972 (20):301 - 312.

[169] YAGER R R. On Measures of Fuzziness and Fuzzy Complements [J]. Int. J. Gen. Syst.，1979，(5):221 - 229.

[170] KAUFMANN. Introduction to the Theory Fuzzy Subsets[M]. New York:Academic, 1975.

[171] KOSKO. Fuzzy Entropy and Conditioning[J]. Inform. Sci.，1986， 40:165 - 174.

[172] DUBOIS, PRADE H. Fuzzy Cardinality and Modeling of Imprecise Quantification[J]. Fuzzy Sets and Systems, 1985, 16:199 - 230.

[173] QING M, LI T R. Some Properties and New Formulae of Fuzzy entropy[C]// Proceedings of the 2004 IEEE, International Conference

on Networking, Sensing & Control, Taipei, Taiwan, March 21 – 23, 2004.

[174] PARKASH O, SHARMA P K, MAHAJAN R. New Measures of Weighted Fuzzy Entropy and Their Applications for the Study of Maximum Weighted Fuzzy Entropy Principle[J]. Information Sciences, 2008(178):2389 – 2395.

[175] HUANG N E, SHEN Z, LONG S R, ET AL. The Empirical Mode Decomposition and the Hilbert Spectrum for Nonlinear and Non – stationary Time Series Analysis[C]// Proceedings of the Royal Society of London Series A, 1998, 454(1):903 – 995.

[176] LI L, JI H B. Signal Feature Extraction Based on an Improved EMD Method[J]. Measurement, 2009, (42):796 – 803.

[177] RILLING G, FLANDRIN P, GONCALVES P. On Empirical Mode Decomposition and Its Algorithms[C]// Proceedings of IEEE EUR-ASIP Workshop on Nonlinear Signal and Image Processing, Grado (I), 2003.

[178] ZHU X, Shen Z, ECKERMANN S D, ET AL. Gravity Wave Characteristics in the Middle Atmosphere Derived from the Empirical Mode Decomposition Method[J]. Geophys. Res. , 1997, 102(16): 545 – 561.

[179] ZHAO J P, HUANG D J. Mirror Extending and Circular Spline Function for Empirical Mode Decomposition Method[J]. Journal of Zhejiang University(SCIENCE), 2001, 2:247 – 252.

[180] 张葛祥, 荣海娜, 金炜东. 支持向量机在雷达辐射源信号识别中的应用[J]. 西南交通大学学报, 2006, 41(1):25 – 30.

[181] 陆爽, 李萌. 基于双谱估计的轴承非线性振动信号模式识别[J]. 仪器仪表学报, 2006, 27(6):2140 – 2142.

[182] 齐子元, 徐章遂, 雷正伟. 基于高阶谱分析的机械故障特征识别[J]. 军械工程学院学报, 2008, 20(1):48 – 50,65.

[183] 夏天, 王新晴, 赵慧敏. 基于高阶累积量的柴油发动机曲轴轴承故障特征提取[J]. 振动与冲击, 2011, 30(1):77 – 81.

[184] 廖东平, 魏玺章, 黎湘, 等. 双谱特征在空中目标识别中的应用[J].

湖南大学学报，2006，33(5):78-82.

[185] 刘兴章，王建文. 四阶谱在水中目标识别中的应用[J]. 舰船科学技术，2010，32(6):68-72.

[186] PEIA B N，BAO Z，XING M D. Logarithm Bispectrum-based Approach to Radar Range Profile for Automatic Target Recognition [J]. Pattern Recognition，2002，35:2643-2651.

[187] 蔡忠伟，李建东. 基于双谱的通信辐射源个体识别[J]. 通信学报，2007，28(2):75-79.

[188] 刘毅，张彩明，冯峰,等. 基于高阶累积量的参数化双谱分析的肺音特征提取[J]. 山东大学学报，2005，35(2):77-85.

[189] KUSUMOPUTRO B，TRIYANTO A，FANANY M I，et al. Speaker Identification in Noisy Environment Using Bispectrum Analysis and Probabilistic Neural Network[C]// Proceedings of 4th International Conference on ICCIMA，2001:282-287.

[190] CHEN X P，ZHU X Y，ZHANG D G. A Discriminant Bispectrum Feature for Surface Electromyogram Signal Classification[J]. Medical Engineering and Physics，2010，32(2):126-135.

[191] 刘传武. 基于高分辨距离像的雷达目标识别方法研究[D]. 西安:空军工程大学，2008.

[192] 吴正国，夏立，尹为民. 现代信号处理技术:高阶谱、时频分析与小波变换[M]. 武汉:武汉大学出版社，2003.

[193] NIKIAS C L，PETROPULU A P. Higher-Order Spectra Analysis [M]. News Jersey:PTR Prentice Hall，1993.

[194] OPPENHEIM A V. The importance of phase in signals[J]. Proc. IEEE，1981，69(5):529-541.

[195] ZHANG X D，SHI Y，Bao Z. A New Feature Vector Using Selected Bispectra for Signal Classification with Application in Radar Target Recognition[J]. IEEE Trans. Signal Processing，2001，49:1875-1885.

[196] 张立东，吕涛，王东风，等. 一种基于 Zernike 矩双谱的雷达信号特征提取新算法[J]. 舰船电子对抗，2012，35(6):43-47,54.

[197] LIAO S X，PAWLAK M. On image analysis by moments[J]. IEEE Trans Pattern Analysis and Machine Intelligence，1996，18（3）:

254 - 266.

[198] 甘俊英,张有为. 基于不变矩特征和神经网络的人脸识别模型[J]. 计算机工程与应用,2002,38(7):53 - 56.

[199] ZHANG J G, TAN T N. Brief Review of Invariant Texture Analysis Methods[J]. Pattern Recognition, 2002, 35(3):735 - 747.

[200] GEVERS T S,MEULDERS A W. Combining Color and Shape Invariant Features for Image Retrieval[J]. IEEE Trans. on Image Process, 2000, 9(1):102 - 119.

[201] WANG B T, SUN J G. Relative Moment and Their Applications to Geometric in Shape Recognition[J]. Journal of Image and Graphics, 2001, 6(3):296 - 300.

[202] HU M K. Visual Pattern Recognition by Moment Invariants[J]. IRE Transactions on Information Theory, 1962, 8:179 - 182.

[203] HUPKENS TH M, CLIPPELEIR J de. Noise and Intensity Invariant Moments [J]. Pattern Recognition letters, 1995, 16 (4): 371 - 376.

[204] 徐旦华,辜嘉,李松毅,等. Zernike 矩的快速算法[J]. 东南大学学报,2002,32(2):189 - 192.

[205] TEH C H, CHIN R T. On Image Analysis by the Methods of Moments[J]. IEEE Trans. on Pattern Analysis and Machine Intelligence, 1988, 10(4):496 - 513.

[206] 贾楷熙,薛静. 基于 Zernike 矩和 BP 网络的步态识别技术研究[J]. 西北工业大学学报,2010,28(5):669 - 673.

[207] TEAGUE M R. Image Analysis Via the General Theory of Moments[J]. Journal of the Optical Society of America, 1980, 70(8):920 - 930.

[208] 王耀明. Zernike 矩及它们的应用[J]. 上海电机学院学报,2008,11 (1):44 - 46.

[209] MUKUNDAN R, RAMAKRISHNAN K R. Fast computation of Legendre and Zernike moments[J]. Pattern Recognition, 1995, 28(9): 1433 - 1442.

[210] CHONG C W, RAVEENDRAN P, MUKUNDAN R. A Comparative Analysis of Algorithms for Fast Computation of Zernike Mo-

ments[J]. Pattern Recognition，2003，36(3):731 - 742.

[211]　夏婷，周卫平，李松毅,等. 一种新的 Pseudo - Zernike 矩的快速算法 [J]. 电子学报，2005，33(7):1295 - 1298.

[212]　黄荣兵，杜明辉，梁帼英,等. 一种改进的伪 Zernike 矩快速计算方法 [J]. 华南理工大学学报，2009，37(1):54 - 58,90.

[213]　CHEN C H, PAU L F, WANG P S P. The Handbook of Pattern Recognition and Computer Vision [M]. 2nd ed. World Scientific Publishing Co，1998.

[214]　BARALDI A, PARMIGGIANI F. An Investigation of the Textural Characteristics Associated with Gray Level Cooccurence Matrix Statistical Parameters[J]. IEEE Transactions OnGeoscience and Remote Sensing，1995，33 (2):293 - 304.

[215]　GONG P J, MARCEAU D, HOWARTH P J. A Comparison of Spatial Feature Extraction Algorithms for Land - use Classification with SPOTHRD Data[J]. Remote Sensing Environ. ，1992，40: 137 - 151.

[216]　HARALICK R M. Statistical and StructuralApproaches to Texture [C]// Proceedings IEEE，1979，67(5):786 - 804.

[217]　郭航，霍宏涛. 灰度共生矩阵在皮肤纹理检测中的应用研究[J]. 中国图象图形学报，2010，15(7):1074 - 1078.

[218]　HARALICK R M, SHANMUGAM K, DINSTEIN I. Textural Features of Image Classification[J]. IEEE Transactions on Systems, Man and Cybernetics，1973，SMC - 3(3):610 - 621.

[219]　王润生. 图像理解[M]. 长沙:国防科技大学出版社，1995.

[220]　SOH L, TSATSOULIS C. Texture Analysis of SARSea Ice ImageryUsing Gray Level Co - Occurrence Matrices[J]. IEEE Transactions on Geoscienceand Remote Sensing，1999，37(2):780 - 795.

[221]　CLAUSI D A. An Analysis of Co - Occurrence Texture Statistics as a Function of Grey Level Quantization[J]. Canadian Journal of Remote Sensing，2002，28(1):45 - 62.

[222]　刘丽，匡纲要. 图像纹理特征提取方法综述[J]. 中国图像图形学报， 2009，14(4):622 - 635.

[223] 张葛祥. 雷达辐射源信号智能识别方法研究[D]. 成都:西南交通大学, 2004.

[224] TSANG E C C, CHEN D G, YEUNG D S, et al. Attributes Reduction Using Fuzzy Rough Sets[J]. IEEE Trans on Fuzzy Systems, 2008, 16(5):1130 – 1141.

[225] JENSEN R, SHEN Q. New Approaches to Fuzzy – rough Feature Selection[J]. IEEE Trans on Fuzzy Systems, 2009, 17(4):824 – 838.

[226] JENSEN R, SHEN Q. Fuzzy – Rough Sets Assisted Attribute Selection[J]. IEEE Trans on Fuzzy Systems, 2007, 15(1):73 – 89.

[227] SHANG C J, BARNES D, SHEN Q. Facilitating Efficient Mars Terrain Image Classification With Fuzzy – Rough Feature Selection [J]. International journal of hybrid intelligent systems, 2011, 8 (1):3 – 13.

[228] JENSEN R, SHEN Q. Fuzzy – Rough Data Reduction With Ant Colony Optimization[J]. Fuzzy Sets and Systems, 2005, 149(1):5 – 20.

[229] 赵军阳, 张志利. 基于模糊粗糙集信息熵的蚁群特征选择方法[J]. 计算机应用, 2009, 29(1):109 – 111,126.

[230] 聂作先, 刘建成. 一种面向连续属性空间的模糊粗糙约简[J]. 计算机工程, 2005, 31(6):163 – 165.

[231] 朱江华, 李海波, 潘丰. 基于遗传算法和模糊粗糙集的知识约简[J]. 计算机仿真, 2007, 24(1):86 – 89,119.

[232] BHATT R B, GOPAL M. On Fuzzy Rough Sets Approach to Feature Selection [J]. Pattern Recognition Letters, 2005, 26(7): 965 – 975.

[233] YU L, LIU H. Efficient feature selection via analysis of relevance and redundancy[J]. Journal of Machine Learning Research, 2004 (5):1205 – 1224.

[234] PAWLAK Z. Rough set[J]. International Journal of Computer and Information Sciences, 1982, 11(5):341 – 356.

[235] PAWLAK Z, SKOWRON A. Rudiments of Rough Sets [J]. Information Sciences, 2007, 177(1):3 – 27.

［236］ 王世强，张登福，毕笃彦，等. 基于模糊粗糙集和蜂群算法的属性约
简［J］. 中南大学学报，2013，44(1):172-178.

［237］ CORNELIS C，JENSEN R，HURTADO G，et al. Attribute selection
with fuzzy decision reducts［J］. Information Sciences，2010，180(2):
209-224.

［238］ 王国胤，姚一豫，于洪. 粗糙集理论与应用研究综述［J］. 计算机学
报，2009，32(7):1229-1246.

［239］ 常春光，汪定伟，胡琨元,等. 基于粗糙集的案例属性约简技术［J］.
控制理论与应用，2006，23(6):867-872.

［240］ 何明，马国亮，孙立峰. 蚁群算法融合粗糙集理论的属性约简算法
［J］. 北京工业大学学报，2010，36(9):1292-1296.

［241］ 王国胤，于洪，杨大春. 基于条件信息熵的决策表约简［J］. 计算机
学报，2002，25(7):759-766.

［242］ 王珏，王任，苗夺谦，等. 基于 Rough Set 理论的"数据浓缩"［J］. 计
算机学报，1998，21(5):393-400.

［243］ YU H，WANG G Y，YANG D C，et al. Knowledge Reduction Al-
gorithms Based on Rough Set and Conditional Information Entropy
［C］// proceedings of SPIE:data mining and knowledge discovery:
theory，tool，and technology IV，Orlando，USA，2002，4730:422-
431.

［244］ WEI L，Li H R，ZHANG W X. Knowledge Reduction Based on the
equivalence Relations Defined on Attribute Set and Its Power Set
［J］. Information Sciences，2007(177):3178-3185.

［245］ HU Q H，ZHAO H，XIE Z X，et al. Consistency Based Attribute Re-
duction［C］// Lecture Notes in Computer Science，2007，4426:96-107.

［246］ 陶志，许宝栋，汪定伟，等. 基于遗传算法的粗糙集知识约简方法
［J］. 系统工程，2003，21(4):116-122.

［247］ 宋晶，戚建淮. 基于云变换和特性关系下粗糙集的决策树构造［J］.
西南交通大学学报，2010，45(2):312-316.

［248］ 关欣，衣晓，何友. 一种新的粗糙集属性约简方法及其应用［J］. 控
制与决策，2009，24(3):464-467.

［249］ 张建军，张静波. 一种新的基于粗糙集理论的决策表离散化方法［J］.

西安电子科技大学学报，2004，31(3):369 - 472.

[250]   BANERJEE M，PAL SANKAR K. Roughness of a Fuzzy Set[J]. Information and Computer Science，1996，93(3):235 - 245.

[251]   DUBOIS D，PRADE H. Rough Fuzzy Sets and Fuzzy Rough Sets [J]. Information and Computer Science，1990，17(2):191 - 209.

[252]   HU Q H，AN S，YU D R. Soft Fuzzy Rough Sets for Robust Feature Evaluation and Selection[J]. Information Sciences，2010，180 (22):4384 - 4400.

[253]   PISHARODY P K，VADAKKEPAT P，POH L A. Fuzzy - Rough Discriminative Feature Selection and Classification Algorithm，with Application to Microarray and Image Datasets[J]. Applied Soft Computing，2011，(11):3429 - 3440.

[254]   印勇，孙如英. 基于模糊粗糙集的一种知识获取方法[J]. 重庆大学学报，2006，29(5):108 - 111.

[255]   RADZIKOWSKA A M，KERRE E E. A Comparative Study of Fuzzy Rough Sets [J]. Fuzzy Sets and Systems，2002，126: 137 - 155.

[256]   KARABOGA D. An Idea Based on Honey Bee Swarm for Numerical Optimization，Technical Report - TR06[R]. Erciyes University，Engineering Faculty，Computer Engineering Department，Turkey，2005.

[257]   KARABOGA D，AKAY B. A Comparative Study of Artificial Bee Colony Algorithm [J]. Applied Mathematics and Computation，2009，214(1):108 - 132.

[258]   PAN Q K，TASGETIREN M F，SUGANTHAN P N，et al. A Discrete Artificial Bee Colony Algorithm for the Lot - Streaming Flow Shop Scheduling Problem [J]. Information Sciences，2011，181 (12): 2455 - 2468.

[259]   KARABOGA D，OZTURK C. A Novel Clustering Approach:Artificial Bee Colony (ABC) Algorithm[J]. Applied Soft Computing，2011，11(1):652 - 657.

[260]   OMKAR S N，SENTHILNATH J，KHANDELWAL R，et al. Ar-

tificial Bee Colony (ABC) for Multi – Objective Design Optimization of Composite Structures[J]. Applied Soft Computing, 2011, 11(1): 489 – 499.

[261] KARABOGA D, OZTURK C. Neural Networks Training by Artificial Bee Colony Algorithm on Pattern Classification[J]. Neural Network World, 2009, 19 (3):279 – 292.

[262] SINGH A. An Artificial Bee Colony Algorithm for the Leaf – Constrained Minimum Spanning Tree Problem[J]. Applied Soft Computing, 2009, 9(2):625 – 631.

[263] KARABOGA N. A New Design Method Based on Artificial Bee Colony Algorithm for Digital IIR Filters[J]. Journal of Franklin Institute, 2009, 346 (4):328 – 348.

[264] XU C, DUAN H. Artificial Bee Colony (ABC) Optimized Edge Potential Function (EPF) Approach to Target Recognition for Low – Altitude aircraft[J]. Pattern Recognition Letters, 2010, 31(13):1759 – 1772.

[265] BLAKE C, KEOGH E, MERZ C J, et al. UCI Repository of Machine Learning Databases[DB/OL]. \[2006]. http://www. ics. uci. edu/~mlearn/MLRepository. html.

[266] COHEN W W. Fast Effective Rule Induction[C]// 12th International Conference on Machine Learning, Tahoe City, 1995:115 – 123.

[267] QUINLAN J R. C4. 5:Programs for Machine Learning[M]. San Francisco:Morgan Kaufmann Publishers, 1993.